JN240705

# 入札不正の防ぎ方

## 受発注者が知っておくべき コンプライアンスのリアル

著 楠 茂樹
編 日経コンストラクション

日経BP

# はじめに

入札不正の事件が絶えない。事件が報じられるたびに「税金を食い物にした」「国民の信頼を裏切った」などと糾弾され、刑事事件で有罪判決が下されると、「公共工事の入札に対する信頼を失わせる許し難い犯罪だ」ととがめられる。一方で、「私的利益を追求するものではない」と付け加えられることもある。公共工事のケースでよく見かける判決だ。それでも、「手続きを逸脱した」「違反は違反だ」と、法律は容赦しない。では、「私的利益を追求するものではない入札不正」とは一体何なのか、疑問が湧く。

実際のところ、競争の体裁はあるものの、競争が実質的に機能してないことは多々ある。一般競争入札は法令上原則化されているが、幾つかの特定の企業のどこに落札してもらいたいかという思惑は公共工事の担当者であれば通常抱くものである。しかし、一般競争入札を採用した以上、指名競争入札や特命随意契約のような特定の企業への絞り込みは許されない。意図して特定の企業への受注を誘導した場合には不正として扱われる。

一般競争入札を採用した以上、扱いはフラットでなければならない。それは当然である。しかしどこが落札するか不確実性が高い発注には、意中の企業が敬遠するかもしれないし、不成立の恐れも少なくない。競争は必ずしも良い結果をもたらすとは限らないのだ。

言うまでもなく法令の原則は競争である。競争に条件を付けることはできるが、それは恣意的であってはならない。それでも、より優れた受注者の選出は工事をスムーズに終わらせ、かつ高い品質の成果物を生み出すことにつながりやすいため意図的に競争の条件を付けたくなる思いに駆られる。結果、発注担当者は悩むことになる。

公共工事の受発注者双方から、しばしば「結局、何が入札不正として違反になり、何が違反にならないのか」という質問を受ける。法律の文面をなぞれば、独禁法では「競争を制限する」こと、刑法や官製談合防止法では「入札の公正を害する」ことになるが、これだけでは何も明確な説明になっていない。制限される競争とは何か、入札の公正とは何かがはっきりしないのだ。独禁法には「公共の利益」という言葉もある。結局のところ、違反事項は適用の実際を見てみないと分からない。

著者は独禁法を中心とした法学研究者として、これまで同法違反である入札談合をはじめとした入札不正全般を研究の射程にしてきた。入札監視委員会や入札制度改革委員会といった国や自治体の有識者会議にも多数参加し、外部の視点から入札不正の実態を長い間眺めてきた。個々の問題については受発注者双方で立場上、言えないことも多々あろうし、法令の適用に不満な点も少なくなかろう。

本著の狙いは、そうした入札不正への禁止と制裁の実際を解き明かし、主として公共工事に関わる各企業のコンプライアンス活動におけるヒントを提供しようということにある。当然のことながら、発注者である公共機関も主な対象に含む。入札不正の少なくない割合が官製談合のケースであるといわれている。実際、制度改革が必要なものもあるが、多くは発注者側の対応いかんで防げるのだ。

本著は、入札不正にどんな法令が関係していて、どのようなコンプライアンス上の対応が求められているのかを、将来の制度改革も見据えつつ取りまとめた。ある種の指南書であると同時に、法律や政治、行政に関心のある全ての読者に知ってもらいたいことをまとめ、論じた教養書でもある。

第1章では、入札不正に関わる問題を時代とともに振り返る。昭和の時代には入札談合は「必要悪」の認識の下、ほぼ暗黙の了解として容認されてきたが、それは今や国民への裏切り行為として厳罰の対象となった。まずはこの時代間のギャップを読者と共有したい。

第2章から第6章までは、主として公共工事を念頭に置きつつ、入札不正に関連する各種法令の解説を行う。具体的には独禁法（第2章、第3章）、刑法典上の公契約関係競売入札妨害罪（第4章）、同じく談合罪（第5章）、そして官製談合防止法（第6章）を扱う。独禁法については、入札談合（第2章）とその他の入札不正（第3章）で分けている。官製談合防止法は独禁法とも刑法典上の犯罪ともリンクしているので、これら法令の解説の中では最後に扱う。読者には入札不正の典型である入札談合の法令上の扱いを確認するとともに、入札談合以外の犯罪類型について法令の射程が膨張しつつある現実を伝える。

第7章では、随意契約を扱う。随意契約は厳密な意味での「入札」ではないが、公共契約に関連する不正を多く生み出す、見逃せない契約類型である。最近では企画競争や見積もり合わせのような競争的な過程を経た随意契約も多く、入札不正と同様の問題を生み出している。

第8章と第9章では、入札不正を生み出す心理と構造、及びコンプライアンス上の示唆を行う。入札不正の多くは贈収賄が絡む。それは企業側の不正な利益獲得の動機と発注者側職員の個人的な利益獲得の動機とが交錯したところで発生するものであるが、官製談合の事案でも個人的動機が伴わないものもある。そうした不正のメカニズムを知ることで、コンプライアンスの処方箋も見えてくる。

第10章では制度改革を扱う。随意契約が実際上必要な場面であっても法令がこれに対応せず形式的な競争入札の実施を余儀なくさせるような制度のゆがみの存在が、入札不正を誘発していることもある。「中身のない競争の体裁」は、その適用が積極化している独禁法や官製談合防止法の格好の餌食となる。「法令と実態の乖離」がいまだに解消されているとは言えない令和の時代において、求められる制度改革の在り方を問う。

# 目次

はじめに 2

第1章 法律はもう容赦しない 15

1 「談合＝話し合い」の問題性 16
「談合」自体に悪い意味はない／談合天国、日本／必要悪からの脱却

2 近年多用される「官製談合」 22
官製談合の2つのタイプ／入札不正はなくならない

3 悩める発注者 26
競争入札という問題性／入札不正は「今そこにある危機」

第2章 独禁法1 入札談合 31

1 競争の番人 32
順風満帆ではなかった独禁法／リニア談合事件の顚末／5つの主要禁止規定がある独禁法

2 不当な取引制限規制 40
ポイントとなる共同性と拘束性／基本合意と個別調整

3 意思の連絡 44
合法・違法の線引き問題／「漠合意」でも共同性要件満たす／官側の関与があった場合でもアウト／公取委の指針が問題行為を列挙

4 事実上の拘束で足りる 53
拘束とは約束のこと／多摩談合事件／市場を支配する力／入札あれば競争あり／1回限りの入札談合の取り扱い

5 談合が公共の利益にかなう場合があるか 61
利益の比較衡量／安定供給は理由にならない／国防でも同じ／発注者も悪い／公共事業は独禁法上の事業ではない
6 共同企業体（JV）と入札談合 70
JVは警戒されている／公正取引委員会の指針／豊洲市場のケース

# 第3章 独禁法2 入札談合だけが入札不正ではない

1 排除と支配 78
公取委が不当廉売で建設会社に警告／談合か排除か／他者への支配
2 欺罔型 83
排除による競争制限／パラマウントベッド事件
3 癒着型 87
東北農政局事件／取引妨害
4 廉売型 91
2つの規定／出血競争／下限価格設定の厳格化／1円入札
5 「支配」を通じた競争制限 98
支配型私的独占／発注者による支配行為
6 優越的地位乱用 102
似て非なる類型／建設業法に同種の規定
7 独禁法に違反するとどうなる 105
刑法犯と独禁法違反／刑事制裁と確約手続き／独禁法上の告発

第4章 入札妨害罪 膨張する入札における不公正……113
1 多発する入札妨害 114
独禁法で扱われる場面は少ない／情報漏洩のケースが多い
2 膨張する「公正」概念 117
国循事件の入札不正／「公正」と「競争」／競争は危機にさらされているか／入札で保護されるべき公正を定義する3つの説／問われる「競争」像／毀損の対象／刑法の大原則は明確性
3 「公」の「入札」の射程 131
随意契約は射程内か？／アインHD事件／「公」の要素／「入札」と言えるか／公平、客観、裁量／入札妨害罪の射程は膨張中

第5章 談合罪 「良い談合」はあるのか？……143
1 良い談合？ 144
亀井氏の主張／入札がある以上談合は通用しない／談合罪の構造
2 「公正な価格」の立法者意思と判例 148
競争的な価格か適正な利潤か／価格を巡る「競争」と「公正」の距離／入札施行者にとって利益になる場合
3 青梅談合事件 155
事情のいかんを問わず／悪い結果でも競争は競争

第6章 官製談合防止法 入札不正処罰の切り札……159

1 天の声 160
なぜ声が降ってくるのか／公共機関の事業者性

2 官製談合防止法へのアプローチ 164
独禁法をベースに行政指導／談合への関与／刑法上の犯罪を受けている／重なり合う法益

3 独禁法違反を前提にした規定創設の背景 171
刑事罰の射程外での対応／立法の背景／行政指導からの立ち上げ

4 なぜ基となる法令が違うのか 177
2つの論点／独禁法違反に見いださない理由／刑法を改正しなかった理由

5 入札談合とそれ以外の入札不正 182
官製談合防止法違反罪の特徴／「抜け駆け」型も対象に／非談合型を除外する理由はない

6 法執行の状況と今後の課題 187
行政指導型の法運用は1年に1件あるかないか／談合だけではないはず

# 第7章 随意契約論

1 使い勝手の悪い随意契約 192
温床の不正／公共契約ゆえの制約／悩ましい条文／財務大臣との協議／WTO政府調達協定にも／ためらう自治体

2 1者応札、不成立の懸念と競争入札 206
競争入札の強引な実施／ダミー応札の声がけ

3 説明が容易な随意契約に注意 209
警戒の対象／少額随契のわな／分割発注は慎重に／面倒を嫌うマインド／入札妨害の可能性

## 第8章 入札不正の心理と構造……215

**1 必要悪という意識すらない** 216
談合ができないから／無謬へのこだわり／悪代官／仏にも容赦しない

**2 政治的な利権構造として語られやすい** 223
単純な構造にされやすい／見た目だけでは分からない／官製談合の中で育つ／狭すぎる「地元」

**3 不正の動機** 228
競争回避は古今東西で共通／もう1つの不正／競争はない方がよい／被害者たる発注者の動機

**4 競争入札は透明だから正しい？** 234
不透明な入札もある／随意契約だから不透明か／東京五輪談合事件の悲劇／そこに競争があるから

**5 1者応札は不正なのか** 238
敵視される1者応札／不利な勝負はしない／批判の対象が随意契約から1者応札へ／要するに透明性の問題

**6 「体裁のための競争」が招く不幸** 243
体裁だけの見積もり合わせ／無駄なコストの回避／「言い訳」コンプライアンス

## 第9章 コンプライアンス　入札不正にどう向き合うか？……247

**1 「やむを得ない」は通じない** 248
「談合は必要悪など詭弁です」／取り繕うのではなく堂々と／絵に描いたような不正／明るいところでは不正はできない

2 一般競争にすればよい訳ではない 253
談合防止が唯一の目的か／一般か指名かではなく実質／予定価格が問題の発生源／事前公表か事後公表か／「やめてしまえばよい」という暴論／魔物と化す予定価格

3 内部からの浄化は可能か？ 261
最高幹部が調査責任者に／保身のための委員会になる／上司からの圧力に立ち向かえるか／外部の厳しい目を

4 談合情報に接したら？ 266
年金機構のケース／過去の経験は生かされなかった／談合情報の出所／対応が難しい官製の不正

第10章 急がれるルールの整備 273

1 厳罰化に向けて 274
あまりに低い制裁の水準／妨害しても制裁なし

2 体裁からの脱却 279
「言い訳」を誘発するルールの見直し／「堂々と説明すればよい」ルール作りを

3 透明性と説明責任 282
入札だから問題ないという詭弁／想像以上に広い犯罪の射程

4 随意契約革命？ 285
使い勝手の悪さ／会計検査院の指摘とその先／出口としての立法

おわりに 292

## ［注記］

（1）本著には多くの法律や政令がしばしば略称の形で引用、参照されている。本著で言及する主な法律、政令の法律番号及び略称は以下の通り

▼**刑法**（明治40年法律第45号）
▼**会計法**（昭和22年法律第35号）
▼**重要産業ノ統制ニ関スル法律**（「重要産業統制法」）（昭和6年法律40号）
▼**私的独占の禁止及び公正取引の確保に関する法律**（「独禁法」）（昭和22年法律第54号）
▼**地方自治法**（昭和22年法律第67号）
▼**予算決算及び会計令**（「予決令」）（昭和22年勅令第１６５号）
▼**地方自治法施行令**（昭和22年政令第16号）
▼**建設業法**（昭和24年法律第１００号）
▼**国家公務員共済組合法**（昭和33年法律第１２８号）
▼**官公需についての中小企業者の受注の確保に関する法律**（「官公需法」）（昭和41年法律第97号）

▼国民経済安定緊急措置法（昭和48年法律第１２１号）
▼国の物品等又は特定役務の調達手続の特例を定める政令（昭和55年政令第３００号）
▼地方公共団体の物品等又は特定役務の調達手続の特例を定める政令（平成７年政令第３７２号）
▼入札談合等関与行為の排除及び防止並びに職員による入札等の公正を害すべき行為の処罰に関する法律（「官製談合防止法」）（平成14年法律第１０１号）
▼公共工事の品質確保の促進に関する法律（「公共工事品質確保法」）（平成17年法律第18号）
▼高度専門医療に関する研究等を行う国立研究開発法人に関する法律（平成20年法律第93号）
▼公共工事の品質確保の促進に関する法律の一部を改正する法律（平成26年法律第56号）
▼建設業法及び公共工事の入札及び契約の適正化の促進に関する法律の一部を改正する法律（令和６年法律第49号）
▼公共工事の品質確保の促進に関する法律の一部を改正する法律（令和６年法律第54号）

（２）引用箇所のうち、漢数字を適宜、算用数字に改めた
（３）公正取引委員会の指針など、判決文を除く一部の資料の紹介においては表現を平易なものとするなどの修正を施してある

（４）本著の裁判事例は２０２４年9月末時点までの判決を基に記述している

（５）建設業法の引用については２０２４年改正を反映している

（６）本著における法律の解説に関わる記述については、筆者が２０１７年に出版した「公共調達と競争政策の法的構造（第２版）」（上智大学出版）の記述を出発点としていること、第8章から第10章にかけての記述の一部は、筆者が執筆陣として名を連ねる「言論プラットフォームＡＧＯＲＡ」掲載の拙稿（https://agora-web.jp/archives/author/shigekikusunoki）を下地としていることをここで断っておく

第1章

# 法律はもう容赦しない

# 1 「談合＝話し合い」の問題性

## 「談合」自体に悪い意味はない

中央自動車道には「談合坂」と名の付いたサービスエリアがある。住所は山梨県上野原市。ちょうど相模湖と大月の中間辺りのサービスエリアだ。坂の名前に「談合」が入っているという違和感から記憶している読者も多いと思う。

この名の由来は諸説あるようで、「団子」から転じて「談合」と呼ばれたとする説や、かつてこの付近に村人の寄り合い場所があり、そこで話し合いが行われた、あるいは戦国時代に対立していた北条氏と武田氏がこの付近で講和の交渉をしたことがその由来になったという説もある。いずれも資料的裏付けがある訳ではない。団子説はさておいて、残りの２つの説における「談合」とは読んで字のごとく「話し合い」であり、特に悪い意味はない。しかし、現在の私たちが普段耳にする「談合」は良くない意味のそれである。

談合を悪い意味で使う言葉として「談合政治」があるが、それは「密室政治」と同じような意味で用いられるケースが多い。表で堂々と議論せずに一部の関係者で不透明に政治的な意思決定を行うことを非難するときに用いられる。民主主義なのだから国民の目の届くところで堂々と話し合い、熟議を重ねよ、というメッセージがこの言葉に伴う。

そして悪い意味で使われる典型が、入札談合だろう。入札談合が正々堂々とあからさまに行われていればそれは是とされるものか、というとそういう訳ではない。何のために入札が行われているかというと、競争させるためである。なぜ競争させるかというと、モノやサービスの調達、すなわち購入のケースであれば買い手にとって高品質で低価格な契約が可能になるためだ。一方、土地の売り払いのような売却のケースでは売り手にとってより高価格な契約が可能になるからだ。入札における話し合いが悪いのは、それが密室で行われているからではなく、競争に反するからだ。談合が密室で行われるのは、それが違反行為だから隠れてやっているに過ぎない。談合が合法ならば密室で決める理由がない。しかし、かつての日本はこの競争に対する信頼が共有されていなかった。

●談合に関する資料

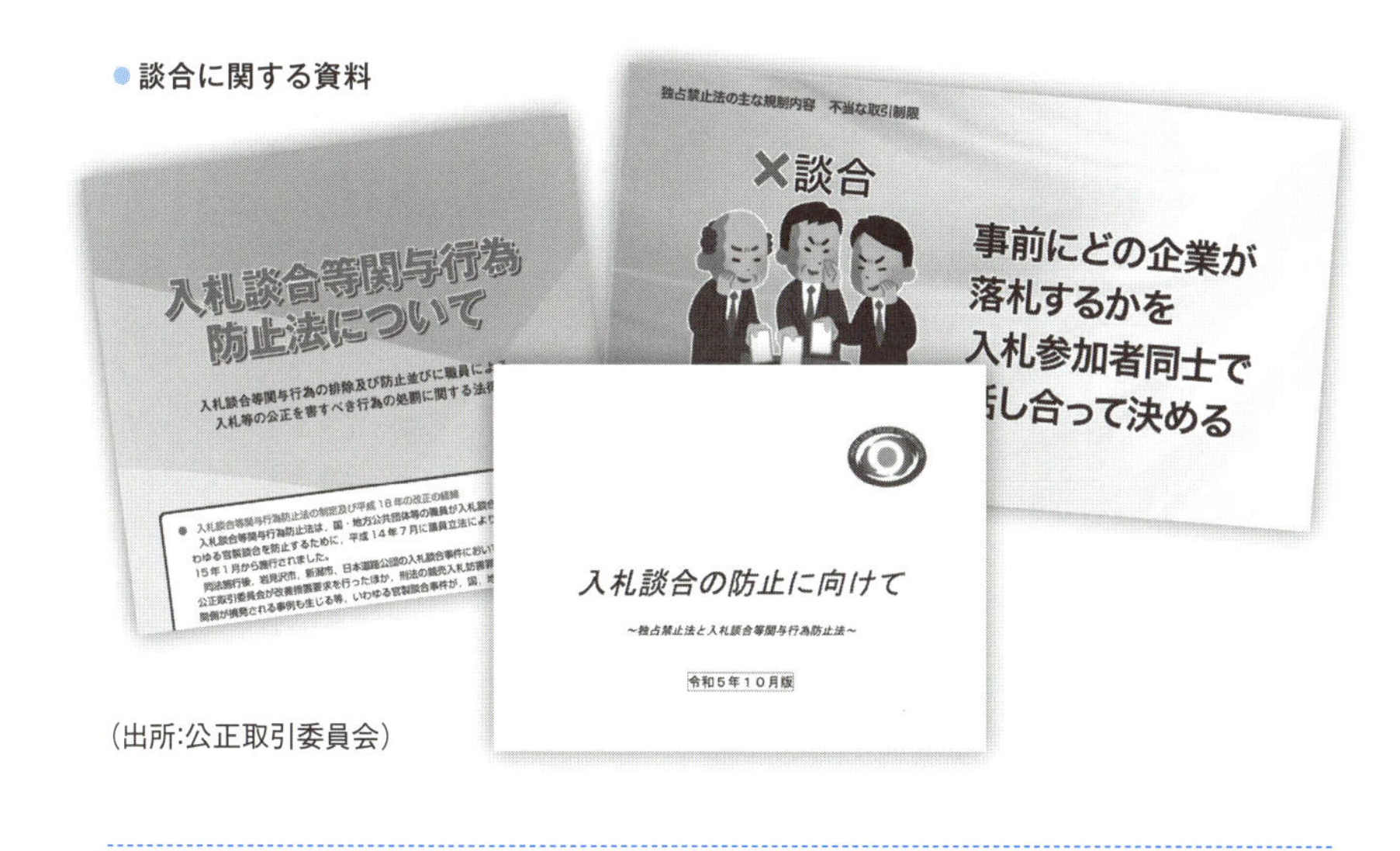


（出所:公正取引委員会）

## 談合天国、日本

「談合」という言葉は、英語で書かれた外国人の著書や論文で〝Dango〟と書かれてしまうくらい[1]、「日本的なもの」「日本に固有なもの」として国際的に認識されている。もちろん米国でも欧州でも入札談合は存在する。それは違法であり法的制裁の対象となる。しかし、日本ではそれがまん延していながらも、談合を行う企業のみならずその被害者である国や自治体、そして社会までが、ある種やむを得ないものとして受け入れていたといわれている。「和を以て貴しと為す」の精神なのかもしれないが、高いモノを買わされるつけは詰まるところ税金に回ってくるのだから、言い方は悪いが「他人のお金」を扱う国や自治体ならまだしも、納税者たる市民がそれを受容する理由は大多数には不可思議に映るだろう。

自分のお金であればそれを最も効率的に利用しようと努力するだろう。裏を返せばおかしな使い方をしてもそれは自分に跳ね返ってくるだけのまさに自己責任の世界である。公共契約の場合、買い手である国や自治体は市民のお金を預かる立場にあるのだから当然、無駄遣いは許されない。しかし、他人のお金なのでためらうこともない。効率性のインセンティブが働かないのである。もちろん、預かった貴重なお金を1円たりとも無駄遣いしてはならないという生真面目な公務員もいるだろうが、構造的にそのようなマインドになりにくいのである。だから公共契約を規律する会計法（国の場合）や地方自治法（自治体

1 For example, Brian Woodall, “The Logic of Collusive Action: The Political Roots of Japan's Dangō System,” Comparative Politics, Vol. 25, No. 3 (1993), pp.297-312; William K. Black “The "Dango" Tango: Why Corruption Blocks Real Reform in Japan,” Business Ethics Quarterly Vol.14, No.4 (2004), pp.603-623.

の場合）が競争入札の方式を厳格に定めているのである[2]。

競争入札のメリットは言うまでもなく、競争を通じて最も条件の良い契約相手を発見できることである。談合はそのメリットを捨て去る行為に他ならない。

## 必要悪からの脱却

日本では四半世紀ほど前まで、談合がまん延していたといわれる。特に公共工事がその象徴的な例だった。２００６年に大手ゼネコン各社が「談合決別宣言」をしたのがその証左である。

談合は業界内部では必要悪といわれてきたが、今ではそのように認識する人も少なくなった。そもそも戦前は「良い談合」「悪い談合」という区別が当たり前にされていたということはどの程度知られているのだろうか[3]。戦後の１９４７年に独禁法が制定されたが、１９５１年に締結されたサンフランシスコ講和条約によってＧＨＱ／ＳＣＡＰ（連合国軍最高司令官総司令部）の影響を受けなくなってからは、独禁法はほとんど骨抜きになり、談合は摘発されないままになった。刑法にも談合罪は存在するが、１９６０年代後半の、談合金（談合に協力した企業が落札した企業から協力に対して受け取る報償）の発生しない「単なる談合」を適法とする地裁判決が実務のスタンダートなってしまった（いわゆる「**大津判決**」）[4]。その後の昭和期において談合がまん延する条件が整ってしまった

---

2　本著で言及する法律については前記法令一覧（12、13ページ）を参照のこと
3　1941年に刑法典に談合罪が新設された際に、この区別に対応した立法を行うべきだという議論が強まり、入札談合が「不当な対価」「不正な利益」を目的とした場合にのみ処罰の対象とされた。このことは当時において談合それ自体に反規範性が及ぶものではないというコンセンサスがあったことがうかがえる（第5章参照）
4　大津地判1968年8月27日下刑集10巻8号866頁。第5章で再び触れる

## 透明性ある入札・契約制度に向けて

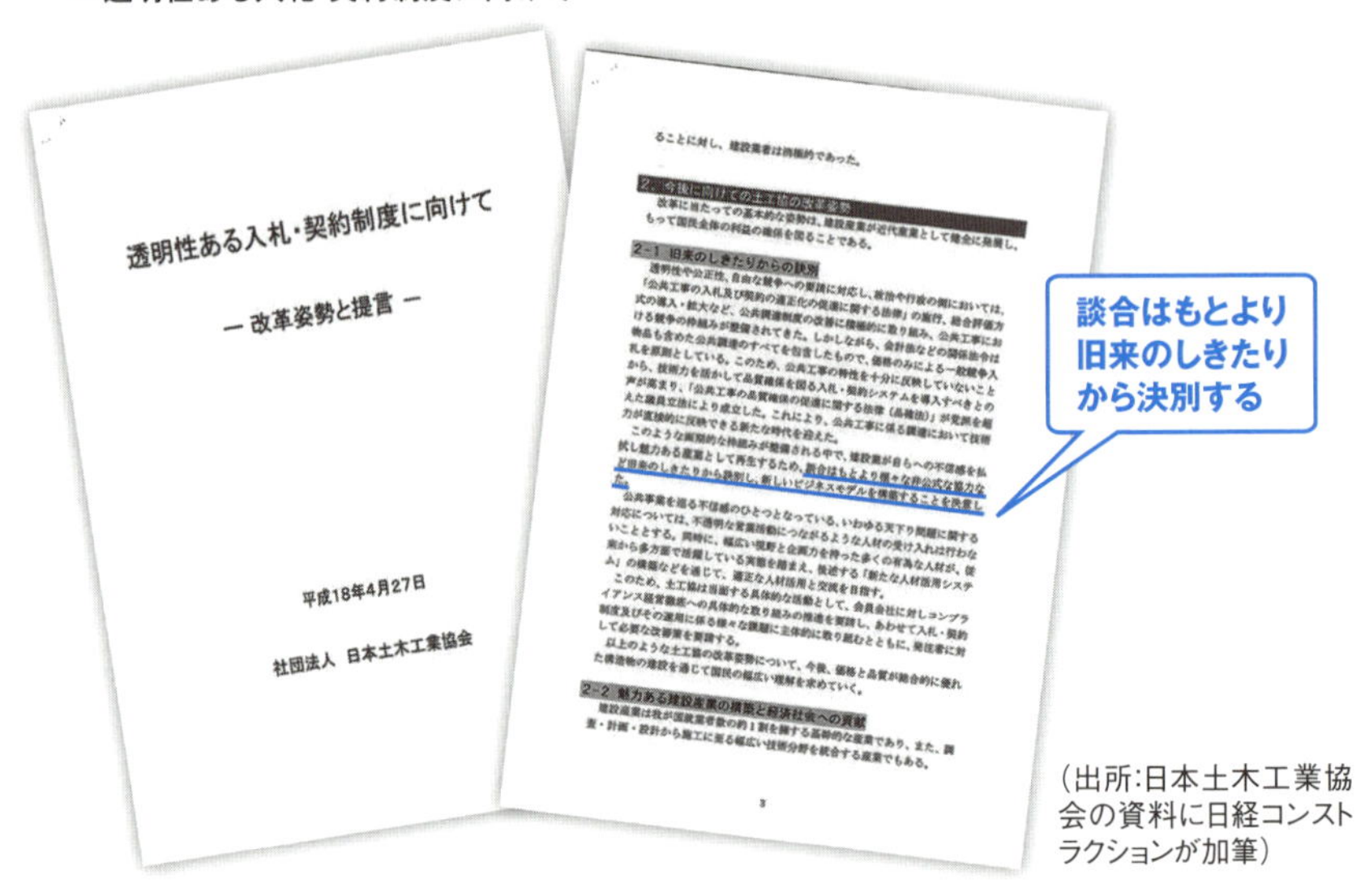

透明性ある入札・契約制度に向けて

― 改革姿勢と提言 ―

平成18年4月27日

社団法人　日本土木工業協会

ることに対し、建設業者は消極的であった。

2. 今後に向けての土工協の改革姿勢

改革に当たっての基本的な姿勢は、建設産業が近代産業として健全に発展し、もって国民全体の利益の増進を図ることである。

2-1 旧来のしきたりからの決別

透明性や公正性、自由な競争への要請に対応し、政治や行政の側においては、「公共工事の入札及び契約の適正化の促進に関する法律」の施行、総合評価方式の導入・拡大など、公共調達制度の改善に積極的に取り組み、公共工事における競争の枠組みが整備されてきた。しかしながら、会計法などの関係法令は物品も含めた公共調達のすべてを包含したもので、価格のみによる一般競争入札を原則としている。このため、公共工事の特性を十分に反映していないことから、技術力を活かして品質確保を図る入札・契約システムを導入すべきとの声が高まり、「公共工事の品質確保の促進に関する法律（品確法）」が党派を超えた議員立法により成立した。これにより、公共工事に係る調達において技術力が直接的に反映できる新たな時代を迎えた。

このような画期的な枠組みが整備される中で、建設業が自らへの不信感を払拭し魅力ある産業として再生するため、談合はもとより様々な非公式な協力など旧来のしきたりから決別し、新しいビジネスモデルを構築することを決意した。

公共事業を巡る不信感のひとつとなっている、いわゆる天下り問題に関する対応については、不透明な営業活動につながるような人材の受け入れは行わないこととする。同時に、幅広い視野と企画力を持った多くの有為な人材が、従来から多方面で活躍している実態を踏まえ、後述する「新たな人材活用システム」の機能などを通じて、適正な人材活用と交流を目指す。

このため、土工協は当面する具体的な活動として、会員会社に対しコンプライアンス経営徹底への具体的な取り組みの推進を要請し、あわせて入札・契約制度及びその運用に係る様々な課題に主体的に取り組むとともに、発注者に対して必要な改善策を要請する。

以上のような土工協の改革姿勢について、今後、価格と品質が総合的に優れた構造物の建設を通じて国民の幅広い理解を求めていく。

2-2 魅力ある建設産業の構築と経済社会への貢献

建設産業は我が国就業者数の約1割を擁する基幹的な産業であり、また、調査・計画・設計から施工に至る幅広い技術分野を統合する産業でもある。

3



（出所:日本土木工業協会の資料に日経コンストラクションが加筆）

2006年4月、記者会見に臨む日本土木工業協会などの幹部（写真:日経コンストラクション）

のだ。

流れが変わったのは日米構造協議（Structural Impediments Initiative）を経て独禁法が強化されるようになった1990年代前半からである。米国政府は日本政府に対して市場開放を強硬に迫った。その一環で日本市場の閉鎖性の原因を独禁法の機能不全に見いだし、その強化が要請された。米国側は同時に日本側に内需拡大を求めるなど、日本の公共調達市場に米国が関心を寄せていたことがうかがわれる。その少し後に狙ったようにゼネコン汚職事件が起こり、特に公共事業、公共工事が不正の温床であると非難されるようになった。

その後、急激な入札改革が行われ、1990年代後半から2000年代前半までは、実に〝転げる〟ように国や自治体は公共契約手続きで競争原理を強化していった。2001年に「官から民へ」を唱える小泉純一郎政権が誕生したのはこの潮流を象徴するものだった。公共事業の無駄を指摘するのではなく、公共事業それ自体が無駄であるとの風潮が強まったのはこの頃である。課徴金算定率の大幅引き上げと課徴金減免制度の導入が実施された2005年の独禁法改正はそういった流れの1つの帰着点であった。それと併せてスーパーゼネコン各社が「談合決別宣言」を行ったのは衝撃的であった（前ページの図と写真参照）。要するに、談合の存在が当然視されていたということを当事者が認めるに至ったのである。裏を返せば、業界においては、談合はこれまで半ば公然の事実であったことを意味する。

# 2 近年多用される「官製談合」

## 官製談合の2つのタイプ

こうした一連の改革によって日本は脱談合時代に入ったかのように思われたが、その後現在に至るまで、公共契約を巡る不正は絶えることなく発覚し、多くの受発注関係者が立件されている。新聞などでは毎日といっても過言ではないくらい入札不正を報じている。そしてその多くが「官製談合」という言葉を伴っている。

官製談合というと業界の談合に官側が加担しているケースが想起されやすい。大きな事件では、２００５年に公正取引委員会によって刑事告発された**日本道路公団発注の橋梁工事を巡る談合事件**がある。同公団が競争入札により発注する鋼橋上部工事について、横河ブリッジを含む数社が受注予定者を決定するとともに、受注予定者が受注できるような価格などで入札を行う旨に合意し、それらを実行したケースだ。同公団の副総裁や理事が横河ブリッジに顧問として天下った元理事と結託して談合を調整しており、公団側の幹部も共犯として有罪判決を受けた[5]。

一方で、最近、新聞などでよく目にする官製談合には、自治体の契約担当者が特定の企業

5　東京高判2008年7月4日審決集55巻1057頁、最決2010年9月22日(2008年(あ)第1700号)など

に最低制限価格を漏洩した（あるいはそれを推測させる予定価格を漏洩した）というものがある。なぜそのようなことをするかというと、非公表の最低制限価格を知っている企業が有利になるからだ。最低制限価格とは調達対象（法令上請負契約に限定されているので公共工事であることが多い）の品質確保を目指して一定額未満の応札を無効にする制度（地方自治法施行令167条の10第2項）[6]上の価格を指す。落札する上で最も有利な価格が最低制限価格となる。他の企業がこの価格を知らなければ、知っている企業がこの価格で落札できる。同額で抽選というケースもあるが、有利であることには変わりない。

このようなケースでは、企業間の談合は存在しない。むしろ企業間で激しく競い合っているからこそ、他者を出し抜いて起こる不正といえる。つまり、最近の官製談合とは官と民での話し合いであって、通常想起される企業間の話し合いではない。「官民癒着」とでも言えばよいのだが、「官製談合」という言葉が一般的に用いられる。

談合という言葉が「企業の間での競争をしないための話し合い」を意味するのであれば、官製談合という言葉は、その話し合いの場に公共契約の発注者、すなわち官側の関与があるものを指すことになる。例えば、談合を容易にするために予定価格のような入札に関係する情報を提供したり、あるいは発注者側が企業間の談合の調整役になったりする場合である。行政なのでその背後には国会議員や地方議会議員が関与する場合もある。関与する人物のポジションが高い場合にはしばしば権威者による調整、あるいは命令という意味で「天の声」などと表現されることもあるが、これも官製談合の一種と言えよう。

6　国の契約を規律する会計法や予決令には最低制限価格の規定は存在せず、下限価格としては低入札調査基準価格の設定のみが可能となっている（予決令85条以下）

官製談合という言葉が用いられる1つの理由は、そのような行為が、「官製談合防止法」に違反する場合があるからである。「官製談合防止法に違反した官側の行為」なので「官製談合」という訳だ。ただ、この法律の正式名称に忠実に沿っていうならば、「官製入札不正」とでも言うべきであって、その中に、官製談合とその他の官製の入札不正がある、という区分けになるだろう。いずれにしても官製談合という言葉が、一般的に用いられる談合という言葉の射程よりも広く用いられる場合があることに留意すべきだ。本著では、この言葉の用法には注意しつつ記述を進めていく。

最近ではこの官民癒着のタイプの官製談合が増えているという点に注意が必要である。公共契約を巡る不正のタイプも談合がまん延していた頃から一定の変化が見られるのだ。

## 入札不正はなくならない

談合がなくなればその他の種類の不正が生じる。楽して得をしたい企業は不正に走る。企業間の談合は企業間で広く利益を分け合うものであり、癒着型の談合は特定の企業が自社だけ利益を得ようとするものである。一方は競争をやめる行為で、他方は競争を排除する行為である。しかし、いずれも「入札等の公正を害すべき行為」であるため、官製談合防止法はこの両者を射程としている。適正な競争が実施されれば、良い結果が得られるはずというコンセンサスで入札の制度が成り立っているわけだ。企業間の合意で実質的な競争をやめることは、官製談合防止法の趣旨に反する。公共契約ならば税金の無駄遣いになる。他方、そのような合意がなくても、一部の企業が抜け駆けし、自分だけが得をしようとすることも適正な契約を阻害する。状況は裏返しであるが、不正のインセンティブは相変わらず存在する。

発注者は合理的な調達のためにそのような不正を受け入れないはずだ。その緊張関係が不正の抑止のためのルール作りとモニタリングを発注者に要請する。しかし公共契約における官製談合事件は後を絶たない。それはなぜだろうか。官側の契約担当者の個人的な利益や動機に基づくものか、あるいはより根の深い政治的癒着の問題なのか、あるいは何らかの制度的歪曲（わいきょく）があって官製談合を誘発しているのか。もしそうであれば、制裁を大きくするか、競争的な契約手法を採用すればよいということになりそうである。しかしそうでない場合、問題は単純でない。官製談合の背景にある事情を読み解くことがまずは重要だ。

競争入札には一定の時間と労力がかかる。例えば失敗のできない国際イベントの業務委託の契約でかつ時間的制約が厳しいにもかかわらず競争入札が選択される場合、発注者は（蓋を開けてみなければ分からない）競争入札のリスクを回避しようと、事前の調整を試みるかもしれない。しかしこのような行為は公共契約であれば刑法の公契約関係競売入札妨害罪や談合罪（刑法96条の6第1項、第2項）、あるいは官製談合防止法違反罪（8条）に問われかねない。その競争制限行為が独禁法違反に問われる可能性もある。

# 3 悩める発注者

## 競争入札という問題性

競争入札はその硬直性ゆえに発注者を悩ませる。競争入札を選択した以上、全ての企業を平等に取り扱わなければ手続きの公正が維持できないのだ。公告前の情報の交換も制限される。一方、特命随意契約の場合は相対で交渉できるので、その分、手続きに柔軟性がある。

競争入札では、発注者が「良かれ」と思ってルールを逸脱するケースがある。悪条件の契約でそれに見合う予算はないが事業を何とか進めたいため、特定の企業に受注するよう働きかけ、関連する情報を入札前に提供する。あるいは無理な契約変更を受け入れた見返りに、他の入札において指名で優遇するというものだ。これらは全てルール違反に該当する。

発注者が無理して競争入札を実施するため、どこかに問題が生じる。公共調達を計画通り実施しようとして、競争入札の壁にぶつかるのである。だから官製談合が疑われたとき、警察や検察は発注者側の個人的動機、すなわち収賄を狙ってアプローチするが、結構な確率で出てこない。しかし入札妨害というルール違反は成立する。

それは独禁法においても同様だ。形式上は民間契約ではある[7]が、**東京五輪組織委員会発**

**注のテスト大会企画立案業務等にかかる競争入札における談合事件（東京五輪談合事件）**を例に見てみよう。被告人となった五輪組織委員会元次長は、五輪を成功させるために調整は不可避だった旨を公判で供述している。元次長は「受注調整をしなければ現場は本当に大きな混乱になったと思う」と話し、法に触れず大会を成功させるにはどうしたらよかったかとの質問には、「今もどうしたらできるんだろう」と考え込んだという[8]。筆者の見解としては、独禁法違反にしない、少なくとも刑事事件にはしないといった対応をすべきとは考えるが、実務においては、競争の体裁を一度作出すれば、それに反する行動は入札不正として閻魔帳に書かれてしまうのである。

こう考えると、初期設定としての手続きの選択が極めて重要になる。体裁にこだわって無理な手続きを選べば不正を誘発する。手続きを採用した以上、そこから逸脱すれば罪に問われるという覚悟を持つ必要がある。「うまい具合にやればいい」は通用しないのだ。法令と実態とが乖離していれば法令が優先される。それがここ四半世紀で強調されてきた日本の「コンプライアンス社会」なのである。善しあしはともかく、その現実から逃れられない。

## 入札不正は「今そこにある危機」

競争入札は公共契約における原則である。かつては指名競争が一般的に用いられていて、そこで談合されても発注者は特に問題視しなかった。議会で認められた予算が過不足なく支

7　ただし関連法令によって、組織委員会の役員及び職員は、「刑法…その他の罰則の適用については、法令により公務に従事する職員とみなす」と規定されていた
8　時事通信記事2023年7月5日配信など

出できて、かつ必要な調達が滞りなく行えれば不都合はなかったからである。予算は計画されたものであり、予算を残すと計画通りではなくなり、その無謬(むびゅう)性が維持できなくなるため、使い切るという発想が生まれた。最近では試行と錯誤を許容する風潮が高まってきたようだが、無謬でないことを責め立てる人々がいるのもまた事実であって、その体裁作りに固執する姿勢は根本的に変わっていないように思われる。

予定価格付近での落札は競争制限の疑いが強いといわれてきた。この問題に関心を抱き、落札率を下げることを自分の成果にしようと躍起になった首長は少なくない。簡単な話、競争をあおって価格低下を実現したのである。入札の適正さをチェックする入札監視委員会は、1者応札と共に高落札率の案件を中心にチェックすることが多い。

一方、発注担当者の関心は別のところにある。価格を下げることではなく、調達計画を正確に実施することなのである。もちろん、同じ目的を達成できるならば低廉な方がいいが、特に公共工事の場合、安さが品質に悪影響を与えることを懸念する傾向が強い。安い費用でできる企業よりも、高い費用がかかっても知っている企業を選びたがるのだ。〝お抱え〟の企業であれば、法的紛争のリスクも少ない。予算を使い切っても自分は痛まない――そこに談合企業の思惑がオーバーラップするのである。悪い言い方をすれば「そこにつけ込まれる」のである。

加えて、随意契約を用いると外部から批判されるので競争入札を用いる。競争させるつもりがないのに競争入札を実施することは確かにその場しのぎの方策としては有効かもしれないが、発注者に様々なリスクをもたらす。第1に指名企業を固定化したり入札参加資格を厳格に定めたりすることで、競争の範囲が狭まり談合されやすくなる。第2にそのようなケースでは談合情報が行政にもたらされ、行政はその対応に追われる。第3に競争を機能させようとした場合の低価格帯での受注や、今まで経験のない企業の受注によって、発注者は不確実性に直面する。第4に不確実な事態を避けようとして、入札手続きを競争制限的に操作してしまえば官製談合防止法違反のリスクが生じる。

独禁法や官製談合防止法では「やむを得なかった」というエクスキューズ（弁明）は通用しない。競争制限がやむを得ないのであれば、いわゆる特命随意契約を用いればよいからである。競争の体裁を作っておいてそれに反する発注者の行為に対して、同法は「国民の公共入札に対する信頼を損ねた」として容赦なく襲いかかる。収賄のにおいがすれば、「入り口」としてこの法律は絶大なる効果を発揮する。このことは競争的な随意契約にも当てはまる。

全ての受発注者にとって入札不正は人ごとではない。露骨な談合と官製談合のみが違反というのであれば、自分には関係ないと割り切ることができるだろうが、入札不正とは個人的動機に満ちた悪意のある人だけの問題ではなく、業務遂行に熱心で周囲から慕われている真面目な従業員、職員が直面する「今そこにある危機」なのである。

第2章

# 独禁法1
# 入札談合

# 1 競争の番人

## 順風満帆ではなかった独禁法

独禁法の制定は戦後の1947年である。高校の日本史教科書にも載っているように、独禁法はGHQ/SCAP（連合国軍最高司令官総司令部）の経済民主化政策の一環として導入されたもので、農地開放、労働基本権確立、財閥解体などとセットで語られてきた。その1条では、公正かつ自由な競争を促進して国民経済の民主的で健全な発達を促進することを目的として規定するなど「競争の番人」としての役割が期待された。

「国民経済」という言葉は、1931年の重要産業統制法のように、戦前からの法律の条文でしばしば用いられており、近年でも頻繁に出てくる。例えば、1973年の国民経済安定緊急措置法ではその目的規定に「国民経済の円滑な運営を確保することを目的とする」と記されている。経済の文脈で「民主的」という言葉が法律上用いられるのは非常に珍しい。独禁法は、西側陣営、言い換えれば開かれた資本主義経済体制の要となる立法として、重要な意味を持つはずだった。

しかしながら、戦後の経済民主化政策の目玉として華々しくデビューした独禁法は制定後数年がたった辺りからその存在感が薄れ、１９６０年前後にはほとんど適用されない年もあった。１９５０年に勃発した朝鮮戦争を契機としたいわゆる「戦争特需」によって一時的に盛り返した日本の景気が、その反動で低迷し経済復興に支障を来すのではないかという不安が日本政府を襲い、景気の維持を競争ではなく国家主導の計画あるいは企業間の協調によって実現しようという考え方が支配的になったためである。サンフランシスコ講和条約が発効した１９５２年に独立を果たした日本は、１９４７年当時のＧＨＱ／ＳＣＡＰ主導の強引ともいえる理想の追求に縛られなくなったこともあり、１９５３年の改正以降、独禁法は急転回することになる。

その頃から、カルテル（複数の企業が連絡を取り合い、本来であれば企業ごとで決めるべき商品の価格や生産数量を共同で取り決める行為）を合法化する立法が相次ぎ、あるいは行政指導によって企業間の競争は骨抜きにされ、独禁法のプレゼンスは著しく低下した。「もはや戦後ではない」と評論家の中野好夫が文藝春秋に書き[1]、経済白書がこのフレーズを用いたのが１９５６年なので、戦後復興から高度経済成長への過程に独禁法はそのプレゼンスを発揮できなかったというわけだ。このような現象を生み出したのは経済界の潜在意識下に、独禁法へのアレルギーがあったためといってよい。

入札談合も同様である。昭和の中頃、談合は「必要悪」などといわれ、世の中をうまくやり繰りするための「大人の知恵」と考えられた。調達対象の内容とは無関係に、例外なく価格だけで競争させる入札を実施し続けた。

---

1　中野好夫「もはや『戦後』ではない」文藝春秋34巻2号56頁以下（1956年）

さらに、法令上の原則である一般競争入札ではなく、例外的な指名競争入札を多用し、談合の常態化を招くが、確実な調達が可能になるという前提でこの状況を受け入れ続けてきた。企業側には不透明な金銭のプールが生まれ、これがトラブル解決の潤滑油にもなったが、政治家が巣食う利権にもなった。

「天の声」が政治家やその秘書筋から発せられてきたのは、競争的な仕組みの体裁を繕いつつ、その実、非競争的な実態を見直さず、指名にかかる発注者の裁量を多く残したからである。旧来的な政官財の相互利用の構造を支えてきたのが、公共調達の分野であった。公共工事はその象徴的な例である。

## リニア談合事件の顚末

ところが時代は変わった。大きな転換点となったのは、1990年代のゼネコン汚職事件だ。2006年の大手ゼネコンによる「談合決別宣言」では、それまでに定着してきた談合を含む「旧来のしきたり」の存在を認め、それからの脱却を誓った。

ただしその後も、談合事件がなくなったわけではなく、生じるたびに「旧態依然」と批判され続けて今に至る。独禁法も数次にわたり改正され、その強化が図られてきた。指名競争入札や随意契約は法令の規定通りに例外的な扱いとなり、一般競争入札が当たり前になった。一方で、2005年の公共工事品質確保法の影響で公共工事については総合評価落札方式が原則的な方式と位置付けられることで、発注者にとって現実的な対応が可能となった。

発注者が競争入札を採用している以上、その効用を否定する訳がなく、入札談合の事実があったならばほぼ確実に、徹底して「被害者」として振る舞うであろう。非を認めれば責任が自分に向くからだ（もちろんそうでないレアなケースの存在は否定しない）。官製談合は発注機関のため、という理屈も通用しない。それは発注機関に損害を生じさせる個人の暴走としてしか理解されない。発注者が競争の体裁を作った以上、その体裁に反する行為は独禁法の網に掛かる。

格好の素材が、ＪＲ東海発注の**中央新幹線建設工事を巡る談合事件（リニア談合事件）**である。１年に１件あるかないかの独禁法の刑事事件だ。ＪＲ東海は民間企業であるが官公需の性格を持ち合わせており、公共発注に

2016年6月3日に開催した山梨リニア実験線の報道機関向けの走行試験の様子（写真:日経クロステック）

通じるものがある。「混迷『リニア談合』」と題した「東洋経済」誌の記事[2]によれば、「都心の大深部や南アルプスを掘削するリニアは難工事とされ、同社もそれを察してか、事前に地質調査やトンネル掘削の研究開発をゼネコンに依頼していた」とのことである。

難工事の連続、かつ時間的制約が厳しいというのであれば、競争よりも計画あるいは協調の方がうまくいくかもしれない。協調的関係がなかったとしても受注者側にとっては得意分野を選択して資源を集中させる方が効率的だ。すみ分けが競争制限の基本合意なしに形成されることも十分あり得るし、そもそも実態として競争が存在しなかったとも言える。そのような事情を発注者が理解しているのであれば、公共調達でいう特命随意契約を各社と結べば足りるものだったのではないか、という疑問が残る。

しかしＪＲ東海は競争的手法を選択する。公共契約の世界でいう総合評価型の指名競争入札、あるいは価格を競争の要素とする競争性のある随意契約に近いものだった[3]。少しでも安くしたいというプレッシャーがＪＲ東海側に強くかかったのか、あるいはＷＴＯ（世界貿易機関）政府調達協定の対象であった時代の感覚がどこかにあったのか——もし非競争的な状況のきっかけを作ったのが発注者であるＪＲ東海だというならば、この事件は果たして刑事事件になるようなものだったのか、疑問は残る。これに関連した公正取引委員会委員長の発言が前記「東洋経済」の記事で紹介されている。

「（各社の技術力や手繰りなど）事前に工事を割り振らざるを得ない事情があったとし

2　一井純「混迷『リニア談合』、JR東海に責任はないのか」東洋経済2018年4月7日号94頁以下（2018年）
3　楠茂樹「東海旅客鉄道株式会社が発注するリニア中央新幹線に係る品川駅及び名古屋駅新設工事の指名競争見積の参加業者に対する刑事事件判決について（東京地判2021年3月1日LEX／DB文献番号25590326（2018年特（わ）第605号））」公正取引855号51頁以下（2022年）の解説を参照

ても、価格競争をルールに設けた以上、受注者同士で価格を話し合うのは独禁法違反だ。初めから（特定のゼネコンと直接契約を結ぶ）随意契約なら問題はなかった」

つまり随意契約であれば問題はなく、競争入札を選択したから独禁法違反になるというわけだ。手続きの選択は合法と違法の境界線を引く。およそ入札不正については一切の抗弁を許さない。独禁法はアリの侵入さえも許さない競争の門番になったようである。

競争が全てを解決する訳ではない。競争が効果を発揮するか否かは条件次第だ。しかし、公共発注機関は競争から乖離することを嫌う。公的色彩の濃い民間法人も同様である。それは会計法や地方自治法が、そして法人がこれら法律に準拠して定める契約規則が競争を原則としているからだ。発注者が随意契約を模索し、その調整のために受注者を巻き込んでおきながら、結果として競争入札を実施するケースでも、独禁法は容赦しない。

## 5つの主要禁止規定がある独禁法

独禁法の創設は、「経済民主化政策」と呼ばれている。経済民主化とは経済社会に参加する人、組織がその主体性を回復することにあり、そのためには私的権力（特定の企業や企業団体）による経済的な支配を排除する必要がある。独禁法の目的規定にいう「公正且つ自由な競争を促進」（1条）することの狙いはそこにあり、結果的に消費者の利益にかない、日本経済を豊かにする原動力になると理解された。だからこの目的規定の最後は次のように締めくくられている。

以て、一般消費者の利益を確保するとともに、国民経済の民主的で健全な発達を促進することを目的とする。

独禁法は特定の企業あるいは企業団体の行為（これらの共同行為）によって自由市場、競争機能がゆがめられることを防止する法律である。そこでは自由市場、競争機能をゆがめることができる特定の私的権力が支配的な力を市場において有し、それを行使する状況が問題視されている。独禁法における主要な禁止規定は下の図の通りである。

入札談合はこのうち不当な取引制限規制違反として扱われる。入札不正の典型が入札談合であり、それが同規制違反として扱われるので、「入札不正＝不当な取引制限」と認識されやすいが、その他の規制違反に該当する入札不正も存在する。

企業団体が調整役となって構成企業に入札談合をさせる場合もある。企業団体の決定は各企業の行動に影響を与え、企業間の合

● 独禁法における主な禁止規定

▶ 私的独占の禁止（3条）
▶ 不当な取引制限の禁止（3条）
▶ 競争を制限する等の事業者団体の行為の禁止（8条）
▶ 競争を制限することとなる企業結合等の禁止（4章）
▶ 不公正な取引方法の禁止（19条）

「4章」とは9条以降の規定を指す（出所：独禁法を基に筆者が作成）

意がなくても競争制限的行動を取らせることが可能である。この場合、企業団体を違反の主体として扱う必要が生じるが、独禁法8条がこれに対応している。8条柱書きは「事業者団体は、次の各号のいずれかに該当する行為をしてはならない」と定め、その1号で「一定の取引分野における競争を実質的に制限すること」と簡潔に定めている。

また、入札談合による入札不正ではなく、発注者と受注希望企業とが結託して前者が後者の便宜を図るというタイプも存在する。このような不正は大抵の場合、後に触れる刑法における公契約関係競売入札妨害罪（刑法96条の6第1項）、あるいは官製談合防止法[4]違反が問われることになるが、例外的に不当な取引制限規制以外の独禁法上の規制違反が問われることがある。これについては後述する（第3章参照）。

4　正式名称は「入札談合等関与行為の排除及び防止並びに職員による入札等の公正を害すべき行為の処罰に関する法律」である。「入札談合等関与行為防止法」という略称が用いられることもあるが、本著では「官製談合防止法」という呼び方で統一している

# 2 不当な取引制限規制

## ポイントとなる共同性と拘束性

公共調達分野における独禁法違反行為の典型は、過去においても現在においても、不当な取引制限規制（3条後段、2条6項）違反に該当する入札談合である。3条では「事業者は、私的独占又は不当な取引制限をしてはならない」と規定しており、「私的独占」の部分を「前段」と呼び、「不当な取引制限」の部分を「後段」と呼ぶ。独禁法2条各項において基礎概念についての定義規定を設けており、不当な取引制限の定義規定は2条6項に置かれている。この規定の射程に入札談合が含まれる。各要件について、大体左ページの図のように解釈できるだろう。

とはいっても個別のケースを見ると、そもそも何が違反で何が違反でないかの線引きに悩むケースは多々ある。そこは個別の違反要件の理解（解釈）に委ねられる。細部にまで及ぶと記述が膨大になるので、比較的メジャーなポイントに絞って解説しよう[5]。なお、「（共同して）遂行する（共同遂行）」の要件については、「（共同して）相互に拘束し」の要件とは「又は」でつながれているが、競争を制限する拘束（約束）がないのに、遂行（実行）だけ存在

5　詳細は独禁法の各種教科書に譲る。比較的メジャーな書籍に、泉水文雄「独占禁止法」有斐閣（2022年）、白石忠志「独占禁止法〔第4版〕」有斐閣（2023年）、菅久修一＝品川武他「独占禁止法〔第5版〕」商事法務（2024年）などがある

するというケースは考え難い（約束だけで実行まで至らないケースはあり得る）。行政処分や刑事制裁に至った実際の事件を見ても、拘束とは全く無関係に共同遂行だけが認定されて違反となったケースは存在しないため、刑事法上の諸論点は存在するものの、以下ではこの要件については言及しないこととする。

## 基本合意と個別調整

独禁法における不当な取引制限とは、複数の企業が意思を連絡させて（これを「共同」と表現する）、競争制限に向けた約束を結ぶこと（これを「拘束」と表現する）によって（これらを合わせて「合意」といったりする）、一定の取引分野において競争を実質的に制限することを指す。これが公共の利益の観点から正当化されない場合、違反になる。刑法典

●入札談合の解釈

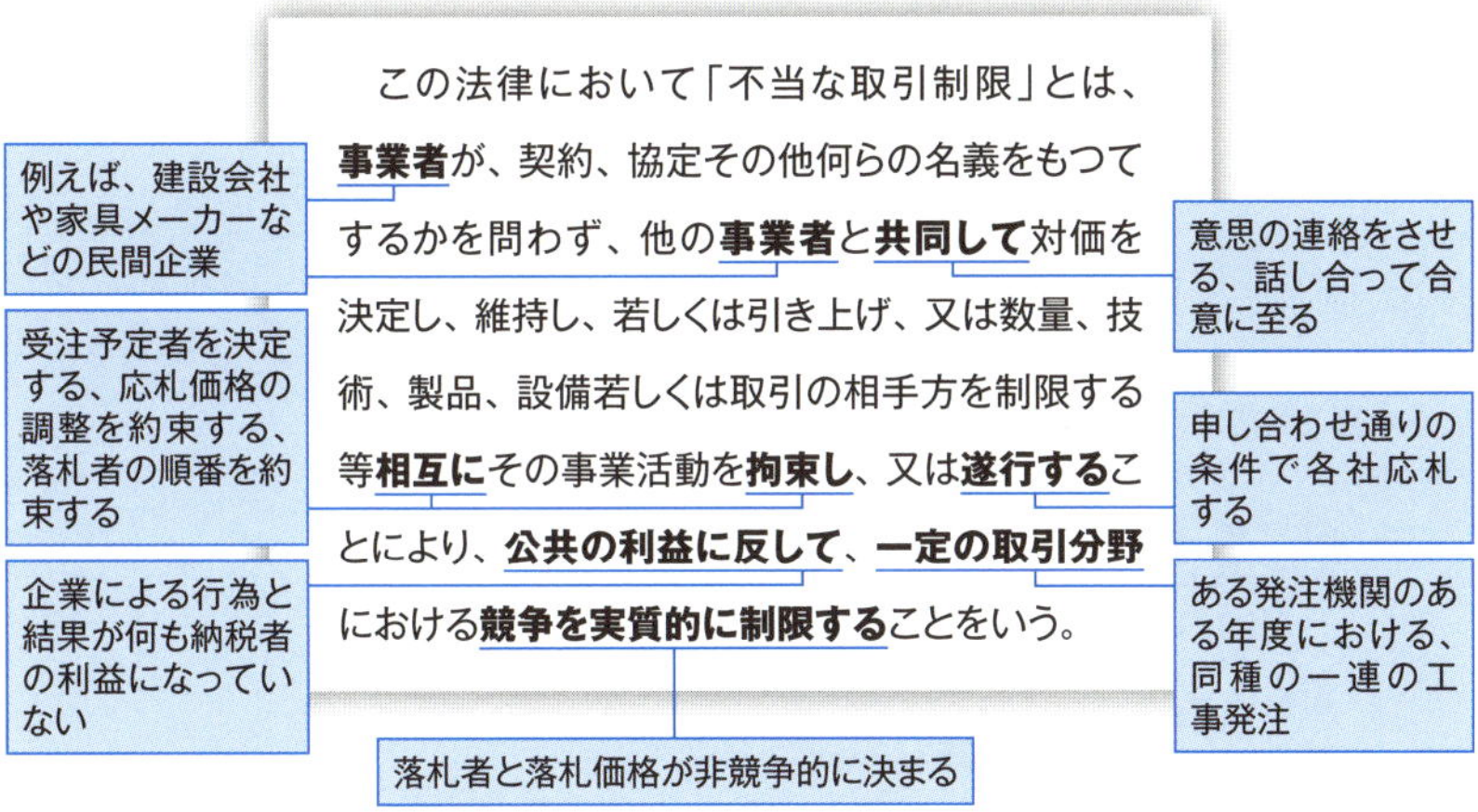

この法律において「不当な取引制限」とは、**事業者**が、契約、協定その他何らの名義をもつてするかを問わず、他の**事業者**と**共同して**対価を決定し、維持し、若しくは引き上げ、又は数量、技術、製品、設備若しくは取引の相手方を制限する等**相互に**その事業活動を**拘束し**、又は**遂行する**ことにより、**公共の利益に反して**、**一定の取引分野**における**競争を実質的に制限する**ことをいう。

- 事業者：例えば、建設会社や家具メーカーなどの民間企業
- 共同して：意思の連絡をさせる、話し合って合意に至る
- 相互に…拘束し：受注予定者を決定する、応札価格の調整を約束する、落札者の順番を約束する
- 遂行する：申し合わせ通りの条件で各社応札する
- 公共の利益に反して：企業による行為と結果が何も納税者の利益になっていない
- 一定の取引分野：ある発注機関のある年度における、同種の一連の工事発注
- 競争を実質的に制限する：落札者と落札価格が非競争的に決まる

（出所：独禁法2条6項に筆者が加筆）

における談合罪の場合、「公の競売又は入札」（刑法96条の6第1項）において、「公正な価格を害（する）」「不正な利益を得る」といった目的を伴った談合を問題にする（同第2項）ので、焦点が個別の入札における調整行為に当てられる。一方で、独禁法の場合、焦点は競争の制限に当てられ、また「一定の取引分野」という「広がり」のある射程において競争の制限を捉えようとすることから、入札における競争の制限を一連のものとして、あるいはひとくくりで捉えようとする傾向がある。

不正の実態としても、個別の入札のたびに新規に申し合わせるのではなく、年度ごと、あるいは計画された事業ごとにまとめて調整のルールを決めることが多い。個別の入札における競争の制限は前提として存在する合意されたルールの実行に過ぎず、必要があれば多少の調整が実施されるということで実行される。共同性の要件が求める意思の連絡と拘束性の要件が求める約束が見いだされるのは、当初のルール形成の段階だ。独禁法の世界ではしばしば「基本合意」と呼ぶ。例えば、ある自治体発注の公共工事に関してその年度当初に建設会社が集まり、同年度の受注調整を前年度の受注実績や現場からの距離といった一定のルールに基づ

●談合罪と独禁法の不当な取引制限の焦点の違い

**談合罪**

→個別の入札における調整行為

**独禁法の不当な取引制限**

→入札における競争の制限をひとくくりで捉える

（出所：筆者）

いて行うことを一般的に合意することがそれに当たる。具体的な個別の入札での調整には至っていないが、ある程度明確なルール形成がこの基本合意において実施されるのであれば、この段階で違反が認定されることになる。

大体の理解として、基本合意に導かれた一連の入札における談合の調整を独禁法が問題にし、個別の入札における談合の調整を刑法の談合罪が問題にするという「すみ分け」があるが、ただそれは論理必然ではない。個々の入札を各々「一定の取引分野」と認定できるのであれば、基本合意など存在しない1回限りの単発の談合であっても独禁法は射程にできるし、刑法の談合罪でも基本合意に導かれた複数回にわたる談合行為を問題にすることは当然、可能である[6]。

しかし、入札談合のケースの多くは、必ずしも明確な基本合意がある訳ではなく、その後の個別の調整行為も「あうんの呼吸」で実施されることが通常であるとも言える。談合のメカニズムが頑健であればあるほど、合意は曖昧になるというものでもある。そのような側から見れば「何となく」のケースに独禁法はどのようにアプローチするのだろうか。

6　ただ、ひとまとめにして1つの犯罪として構成するか、複数の別々の犯罪が成り立つと考えるか、という問題は残る

# 3 意思の連絡

## 合法・違法の線引き問題

競争入札において談合に関わる落札予定企業は予定価格付近で応札価格を調整することもあれば、落札予定企業以外があえて応札しないことで競争を制限することもある。しかし、そもそも予定価格付近でなければ採算が取れないという見立てで自らも予定価格付近で応札しているのかもしれないし、総合評価落札方式のような手間がかかる手続きの場合には受注の見込みが高いと判断した1者だけが応札し他の企業は応札を見送っているのかもしれない。

複数企業の同調的に見える応札行為であっても、各々の事情の下で偶然に似通った価格付けになるような場合もあれば、材料費の高騰といった共通の事情が応札価格の高止まりを同時に生じさせるような場合もある。自社に有利な案件のみを選択して応札するか否かを各社が決めた結果、一見すると各社の申し合わせですみ分けをしたかのように映る場合もある。

独禁法違反となる競争制限に向かって実施される「申し合わせ」と、そうではない競争の範疇にある「予想や対抗」との切り分けは、独禁法2条6項にいう「共同して（意思の連絡）」の要件の問題である。相手の出方を予想して自らの行動を決めるといった状況が複数の企業において相互に成り立つ場合、意思の連絡が認定され共同での行為と認定されるのだろうか、それとも、相手の出方を読み合う行為は、相手を出し抜く帰結になることもあるのであって、それは競争の過程にあるのだから、そこに意思の連絡を認めるべきではない、と考えるべきなのか――。これは独禁法における「合法・違法の線引き」問題の1つの難所である。

## 「漠合意」でも共同性要件満たす

この共同性の要件の解釈についての先例は、1995年の**東芝ケミカル事件**東京高裁判決[7]である。これは入札談合事件ではなく価格カルテルの事件であったが、曖昧な合意についてそれが共同性要件を満たす意思の連絡と言えるかという論点についての先例的な裁判となったので紹介する。

テレビなどの民生用機器のプリント配線板の素材として利用されている銅張積層板について、各合成樹脂メーカー間での対価

● 東芝ケミカルによる審査取消請求事件

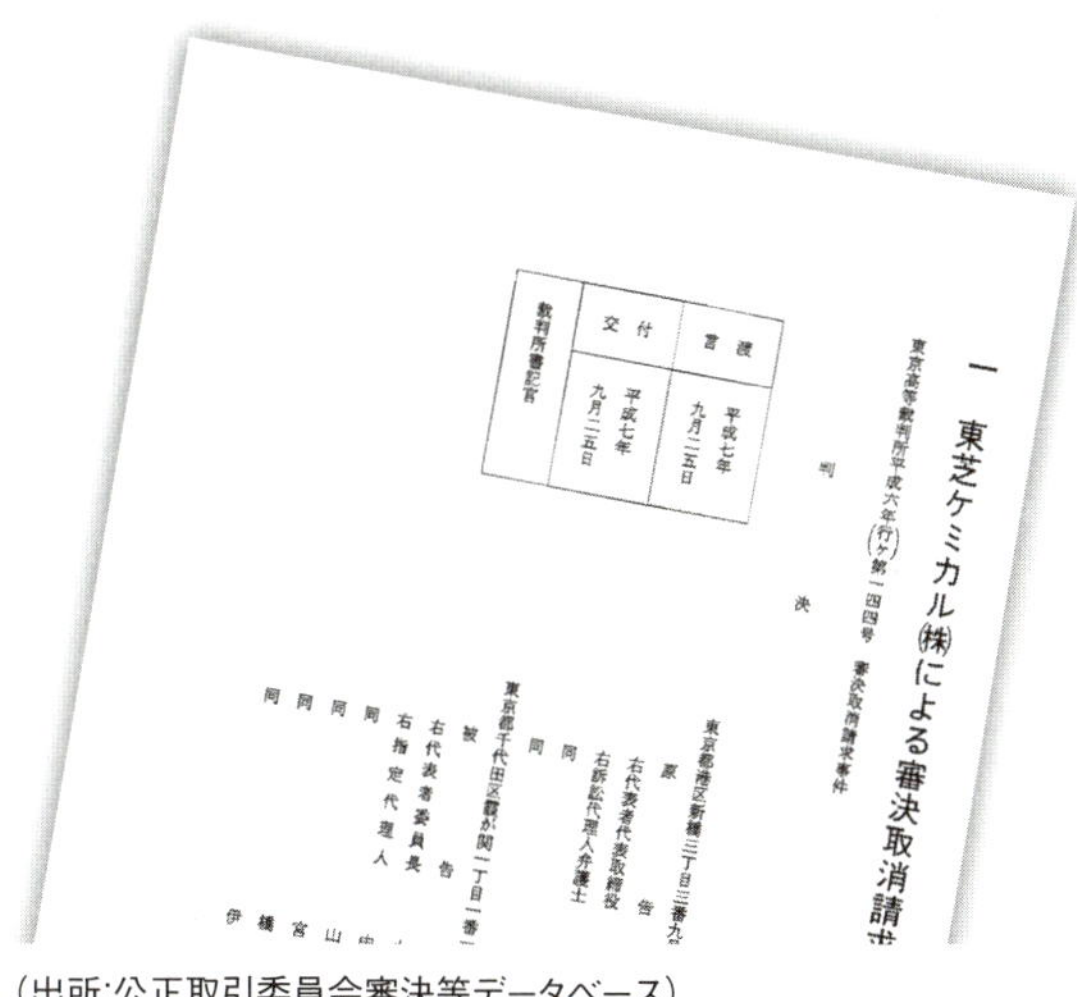
一　東芝ケミカル㈱による審決取消請求事件

東京高等裁判所平成六年(行ケ)第一四四号　審決取消請求事件

判　決

| 言渡 | 平成七年九月二五日 |
| --- | --- |
| 交付 | 平成七年九月二五日 |
| 裁判所書記官 | |

東京都港区新橋三丁目三番九号
原　告
右代表者代表取締役
右訴訟代理人弁護士
同
同

東京都千代田区霞が関一丁目一番
被　告
右代表者委員長
右指定代理人
同
同
同
同

(出所:公正取引委員会審決等データベース)

7　東京高判1995年9月25日審決集42巻393頁

引き上げの合意はなかったが、価格下落や費用高騰の状況など、対価引き上げに関連する情報を交換したケースだった。

東京高裁は価格設定についての共同性、すなわち意思の連絡があったと言えるためには、「相互に他の事業者の対価の引上げ行為を認識して、暗黙のうちに認容することで足りると解するのが相当である」と判示している。加えて、「特定の事業者が、他の事業者との間で対価引上げ行為に関する情報交換をし（た）」という先行行為と、「同一又はこれに準ずる行動に出たような」協調的に見える行為の外形があれば、「他の事業者の行動と無関係に、取引市場における対価の競争に耐え得るとの独自の判断によって行われたことを示す特段の事情」がない限り共同性の要件が満たされる、と判断した。

簡単に言えば、情報交換によって相手の出方が分かるような状況が相互に成立し、歩調を合わせることの暗黙の了解に至るような場合には、原則意思の連絡があったと考えるということである。

この判決の公共調達分野における応用例が、２００８年の**郵便区分機談合事件**における東京高裁判決（審決取消訴訟差戻審）である[8]。この事件は、特定のタイプの郵便局に設置されているハガキ区分機の受注に際し、郵政省の調達事務担当官などが特定の企業に公告前に調達情報を提示。それがシグナルとなり企業間で応札のすみ分けを行っていたという「官製談合」的色彩が否定できないという事案だった。東京高裁は、以下のような事情から、企業間で少なくとも黙示的な意思の連絡があったと判示している[9]。

---

8　東京高判2008年12月19日審決集55巻974頁

1）製品開発に要する時間が長く参入障壁が高いこと
2）旧郵政省担当官により事前の情報提供がタイプ別に一方の業者のみになされていたこと
3）情報の提示を受けなかった者は入札を辞退するという行為が指名競争のときからなされてきたこと
4）各事業者は自らの区分機類が配備されていない郵政局管内においては、原則として営業活動を行っていなかったこと
5）旧郵政省内の勉強会において、当該業者から郵便区分機のような特殊機器が一般競争入札になじむのか非常に疑問があるとの発言がなされたこと
6）業者側幹部職員から、郵政省側に対して情報の提示を継続するよう要請したこと
7）落札率は全ての物件について99・9％を超えていたこと
8）新規業者参入後は、落札率が顕著に低下したこと

## 官側の関与があった場合でもアウト

入札談合の黙示の意思の連絡は、入札の仕組みや契約過程における発注者側の関与の影響の下でなされることが少なくない。企業側からすれば、競争に積極的でない理由は官側の事

9　一部省略している。そういった事情から、「郵政省の調達事務担当官等から情報の提示のあった者のみが当該物件の入札に参加し、情報の提示のなかった者は当該物件の入札に参加しないことにより、郵政省の調達事務担当官等から情報の提示のあった者が受注できるようにする」旨の、「少なくとも黙示的な意思の連絡があったことは優に認められる」と判示された

情（場合によっては官側の要請）に見いだそうとするだろうが、官側の関与の度合いがより強まった場合には、果たして共同性が認められ難くなるのだろうか。この裁判例の理解からすればそうとはいえない。前記のような心理的事実は、先行行為の主体を問わない[10]。しかし、そうであれば、資材価格高騰のような外部的事情が存在し、それが経営環境として共有され、他の企業が値上げをすると予想できる状態にある場合にも、「相互に他の事業者の対価の引上げ行為を認識して、暗黙のうちに認容する」状態には至る。

戦略的行動とは相手の出方を読みつつ自らの合理的行動を決定するものである。「他の事業者の行動と無関係に、取引市場における対価の競争に耐え得るとの独自の判断によって行われたことを示す特段の事情」といっても、与えられた共通の外部環境が互いの行動予測の前提にある場合、前記の裁判例が立てた規範では、競争の結果としての戦略的行動であっても、競争回避的な行動に出ればそういった合意があったとして独禁法の射程に入れられることになり得る。各企業の行動は、独自の判断に基づいていると言えるが、相手の行動に自らの行動を依存させているのだから、そのような特段の事情が認められないとも言える。

ここで昨今の深刻な状況である資材高騰局面において、各社が相互に価格引き上げを予測してこれに同調する行動に出た場合、独禁法違反に問われるのか考えてみたい。筆者の見解では、何の情報交換もなしに独自の経営判断で価格引き上げを行い、単にその前提として市況を読んだだけであれば問題ないと見る。

ただし、他社と資材高騰に関する情報や自社の置かれた事情を相互に共有するような行動

---

10　反競争的行為を禁止する独禁法の法的論理と、企業側の「納得感」とには距離があるところだろう

に出ていれば、もはや独自の経営判断ではなく反競争的な協調関係が形成されたと評価されることになるだろう。

紹介した2つの裁判例は、自ら積極的に情報交換して反競争的な結果を招いたケースを想定しているのであるが、その中でも後者のケース、すなわち**郵便区分機談合事件**のケースでは発注機関（郵政省）の関与の度合いが大きい。さらに外部環境の影響が大きい場合、前者の**東芝ケミカル事件**の共同性要件の解釈では不都合な結果をもたらす恐れがある。

以上は、競争制限の明示の合意それ自体が存在しないけれども、先行する情報交換などによって暗黙の了解に至ったケースについての裁判例だった。ただし「相互に他の事業者の対価の引上げ行為を認識して、暗黙のうちに認容することで足りると解するのが相当である」という共同性の解釈は、基本合意自体は存在するが、それが曖昧だったり、あるいは抽象的だったりする場合の独禁法上の取り扱いについても応用される。独禁法を運用するために設置された公正取引委員会からすれば「使い勝手のよい」理解なのである。

繰り返しになるが、相手の出方を読み合う行為は、相手を出し抜く帰結になることもあり、競争の過程にあるのだから、そこに意思の連絡を認めるべきではない、と考えることもできる。単なる共通認識を共同行為だとするのであれば、ビジネスの多くの場面に独禁法の網が掛かってしまう。合法であるべき戦略的で競争的な行為と独禁法の網に掛けるべき意思の連絡とをどう切り分けるのかは、相互の出方を推測させる原因をある程度は作ったかどうかによると考えるのが自然である。

独禁法は「意図的に」競争をしない合意に至ることを問題視するのであるから、合意の一歩手前の環境を企業間で作り上げた場合には、明示的な合意の締結に準じた扱いをするのである。

## 公取委の指針が問題行為を列挙

共同性の要件について、**東芝ケミカル事件**の高裁判決が「意思の連絡」を「相互に他の事業者の対価の引上げ行為を認識して、暗黙のうちに認容することで足りると解するのが相当である」と解したことで、いわゆる情報交換活動を通じた「暗黙の了解」型の受注調整を独禁法の射程に入れたことのインパクトは大きい。同事件判決の前年の1994年、公取委は「公共的な入札に係る事業者及び事業者団体の活動に関する独占禁止法上の指針」[11]を公表し、既に企業間の情報交換活動が独禁法違反を招くものであることを示していた。この指針は、以後数度の改定を経て現在の形になっている[12]。入札談合や入札談合類似の効果をもたらす企業、企業団体の行為が主になっており、第3章で扱うその他の違反類型（私的独占規制や不当廉売規制）についての言及はない。

違反の成否について同指針は、「受注者の選定に関する行為」「入札価格に関する行為」「受注数量等に関する行為」「情報の収集・提供、経営指導等」を定めている。直接の取引条件（落札者やその順番、落札価格、協力業者の価格など）を決定することのみならず、そういった

11 公正取引委員会Webサイト(http://www.jftc.go.jp/dk/guideline/unyoukijun/kokyonyusatsu.html)参照。解説として、小川秀樹編著「入札ガイドラインの解説―公共的な入札に係る事業者及び事業者団体の活動に関する独占禁止法上の指針」(1994年)、上野敏郎編「入札ガイドラインのポイント：公共的な入札に係る事業者及び事業者団体の活動に関する独占禁止法上の指針」(2000年)がある

競争制限効果が生じる前提となる情報交換活動を広く違反の射程に取り込んでいることが特徴である。違反になるか否かの分かれ目は、言うまでもなく「競争制限につながるものであるか否か」にある。

企業間における、あるいは企業団体を通じた情報交換・共有活動について同指針は次の通り述べている[13]。

> 事業者団体が、入札制度一般に関する情報若しくは資料の収集・提供又は本指針の内容にのっとって入札に係る事業者及び事業者団体の活動と独禁法との関係について一般的な知識の普及活動を行うことは、原則として違反となるものではない。
> これに対して、入札に参加しようとする事業者を構成員とする事業者団体が、当該入札に関して、情報を収集・提供し、又はそれら事業者間の情報交換を促進することについては、競争制限的な若しくは競争阻害的な行為につながるような場合又はそのような行為の手段・方法となるような場合には独禁法上問題となる。
> 事業者が他の事業者と共同しないで独立に情報を収集することが、その限りにおいては独禁法上問題とならないことは、言うまでもない。これに対して、入札に参加しようとする事業者が当該入札に関する情報を相互に交換するようなことは、独禁法上問題となり得る。

12　基本的なスタンスについては変更されていない
13　同指針第二4

続けて対象となる行為について、「違反となる恐れが強いもの」「違反となる恐れがあるもの」「原則として違反とならないもの」（黒リスト・灰リスト・白リスト）と分類している[14]。参考として下記に取り上げる。

●独禁法違反か否かを判断する参考例

| | |
|---|---|
| 違反となる恐れが強いもの | ・受注意欲の情報交換など<br>・指名回数、受注実績などに関する情報の整理、提供<br>・入札価格の情報交換など |
| 違反となる恐れがあるもの | ・指名や入札参加予定に関する報告<br>・共同企業体の組み合わせに関する情報交換<br>・入札の対象となる商品または役務の価格水準に関する情報交換など |
| 原則として違反とならないもの | ・発注者に対する入札参加意欲などの説明<br>・平均的な経営指標の作成·提供など |

「公共的な入札に係る事業者及び事業者団体の活動に関する独占禁止法上の指針」から抜粋（出所:公正取引委員会）

14　同指針第二4。以下、行為主体が「事業者」とあるものには独禁法3条後段違反の不当な取引制限規制が、「事業者団体」とあるものには8条の事業者団体規制（実質的競争制限行為（1号））がそれぞれ対応する。事業者団体規制については次章以降触れることがないので、該当条文を掲げておく

事業者団体は、次の各号のいずれかに該当する行為をしてはならない。
一　一定の取引分野における競争を実質的に制限すること。
二　第六条に規定する国際的協定又は国際的契約をすること。
三　一定の事業分野における現在又は将来の事業者の数を制限すること。
四　構成事業者（事業者団体の構成員である事業者をいう。以下同じ。）の機能又は活動を不当に制限すること。
五　事業者に不公正な取引方法に該当する行為をさせるようにすること。

# 4 事実上の拘束で足りる

## 拘束とは約束のこと

入札談合のケースでは、ある入札における談合が他の入札における談合と別々のルールで行われることは珍しい。一連の入札における談合が、ある包括的な合意に基づいて結び付けられるケースが多いのだ。例えば、公共工事では現場に近い企業が落札するという基本ルールに基づいて、入札の対象となる現場の距離に応じて落札企業が各々決まっていくことがある（個別の入札に当たっては、具体的な金額が示し合わされる、あるいは他の企業は辞退することの確認作業が行われる）。既に述べたように、このような包括的な合意は「基本合意」と呼ばれる。もちろん、基本合意はその受注調整のルールが明確なものもあれば、漠然としたものもある。極端な話、「これからよろしく」程度の申し合わせもあり得る。

当初の基本合意において、調整のルールの細部までを詰め切れなかったとしても、そして特に申し合わせに反したことのペナルティーのようなものがなかったとしても、それは拘束性のある合意であると評価される。その後の当事者の行動は、確かに相当の自由度がある。言い換えれば裏切ろうと思えば裏切ることができる。しかし、「だから拘束がなく合法だ」

というのならば多くの合意が合法になってしまう。

## 多摩談合事件

2012年の**東京都新都市建設公社発注の下水道工事を巡る談合事件（多摩談合事件）**の最高裁判決[15]は、何をもって拘束が認められるかが問われた事件の判決である。以下は判決文の一部だ。

> 各社が、話合い等によって入札における落札予定者及び落札予定価格をあらかじめ決定し、落札予定者の落札に協力するという内容の取決めであり、入札参加業者又は入札参加JVのメインとなった各社は、本来的には自由に入札価格を決めることができるはずのところを、このような取決めがされたときは、これに制約されて意思決定を行うことになるという意味において、各社の事業活動が事実上拘束される結果となることは明らかであるから、本件基本合意は、法2条6項にいう「その事業活動を拘束し」の要件を充足するものということができる。

要するに、「各社の事業活動が事実上拘束される結果」をもたらすならば拘束の要件を満たすというのである。言い換えれば、取り決め通りの行動をするように誘導される事実があ

---

15　最判2012年2月20日民集66巻2号796頁

れば、それに反する行動を取る余地があっても「事実上拘束」ということになる。入札談合は長期的に見れば裏切るよりも協調する方が得になるという理屈で成り立つものであるから、受注調整に関する何らかの取り決めが実施された以上、それに「事実上拘束」されるのは自然な話である。よほど合理性を欠いた取り決めでもない限り、受注調整にかかる反論をこの要件において展開するのは難しい。

## 市場を支配する力

一定の取引分野において生じる「競争の実質的制限」（2条6項）については、前述の**多摩談合事件**の最高裁判決が以下の理解を示している。

法が、公正かつ自由な競争を促進することなどにより、一般消費者の利益を確保するとともに、国民経済の民主的で健全な発達を促進することを目的としていること（1条）等に鑑みると、法2条6項にいう「一定の取引分野における競争を実質的に制限する」とは、当該取引に係る市場が有する競争機能を損なうことをいい、本件基本合意のような一定の入札市場における受注調整の基本的な方法や手順等を取り決める行為によって競争制限が行われる場合には、当該取決めによって、その当事者である事業者らがその意思で当該入札市場における落札者及び落札価格をある程度自由に左右することができる状態をもたらすことをいうものと解される。

この「…左右することができる」力は「市場支配力」と呼ばれる。市場支配力の発生、維持、拡大はしばしば「競争減殺」と表現される。

個々のケースにおいて入札談合が不成功に終わる場面は少なくない。談合に参加していないアウトサイダーが入札に参加するのは、その典型例である。しかし公共工事分野ではアウトサイダーの受注能力にも限界があり、その数が限定的ならば入札談合はうまく行くかもしれない。

入札談合事案において反競争性の有無が問われる場面は他にもある。入札手続きや発注の条件、その他契約の過程からそもそも競争の余地が存在しないために、入札談合による競争減殺の余地もないのではないか、というケースだ。その一例が、既に触れた**郵便区分機談合事件**の高裁判決である。

郵政省から郵政省内示を受けていなかった原告の企業は、以下の主張を行った。「入札対象物件のうち郵政省内示を受けていない物件については、入札日から納入期限までが極めて短期間と設定されていたこと、既設他社製選別押印機等との接続を義務づけられていたこと、等の入札条件のもとにおいては、当初から入札に参加して落札することができない状態すなわち当初から他方の原告との競争から排除されて他方の原告とは競争することができない状況（競争不能状況）にあった」。しかし、この主張は受け入れられなかった。

---

**16**　違反が指摘された大手ゼネコン4社のうち2社が有罪を認め、地裁段階で確定している（東京地判2018年10月22日（2018年（特わ）第605号）審決集65巻第2分冊443頁。一方、無罪を主張する2社は1審、2審共に有罪判決が出されている（東京地判2021年3月1日（2018年（特わ）第605号）審決集67巻655頁、東京高判2023年3月2日（2021年（う）第784号）審決命令集69巻315頁）

## 入札あれば競争あり

同様の主張はしばしばあるが、裁判所がその主張を受け入れたことは筆者の知る限りない。2018年に地裁判決のあった**リニア談合事件**16でも同様に、工事の発注者であるJR東海との調整を踏まえて、各建設会社が工区ごとでその役割を分担し、現地調査や技術開発といった準備作業を積み重ねてきた事実があり、当然公共発注でいう随意契約が結ばれるものだと期待していたと聞く。もし結果的に当初の思惑通り随意契約が実施されていた場合には、全く問題がないケースだった。

告発当時の公正取引委員会委員長の杉本和行は、初めから（特定の建設会社と直接契約を結ぶ）「随意契約なら問題はなかった」17と語っている。発注者が最終的に選択した手法が競争的だったというだけで競争制限を認定するというのは、少なくとも当事者である建設会社は納得しないだろう。さらにこれは行政処分のケースではなく、刑事制裁である。法人のみならず個人までもが起訴された。結果的に執行猶予が付いたものの懲役刑が下されている。競争を減殺したことの原因が発注する側にありながら、結果として導入した競争に反したといって刑事罰を科すのは行き過ぎではないか、という直感は誰しもが持つことだろう。

しかし、これまでの実務の経験から言えることは、発注者が競争入札を実施した以上、何があってもそこには競争があり、発注者が何らかの形で競争の不存在に加担した場合であっても、受注者は競争しないことについて何らかの情報のやり取りや合意があれば、独禁法は

17　前掲2の記事参照

●リニア談合事件の流れ

| 時期 | 出来事 |
|---|---|
| 2012年秋ごろ | JR東海がリニア中央新幹線建設工事の発注方法の検討を開始。価格競争によるコストダウンを重要方針に位置付ける。中でも品川駅と名古屋駅の工事では、被告企業の大成建設と鹿島を含む大手建設会社4社を指名して競争見積もりを実施することを想定していた |
| 2014年4月 | 大成建設の大川孝・土木営業本部副本部長（当時）の提案で、大成建設と鹿島の被告2社と大林組が赤字受注を防ぐために「受注調整」の話し合いを開始。鹿島からは大沢一郎・土木営業本部副本部長（当時）が参加 |
| 2014年12月 | JRが品川駅開削工区や名古屋駅中央工区などの工事を指名競争見積もりで発注すると決定。各工事で大手4社を指名した |
| 2015年1月下旬ごろ | 清水建設が受注調整の枠組みに参加 |
| 2015年9月、10月 | 品川駅北工区その1工事は清水建設などのJVが、同南工区その1工事は大林組などのJVがそれぞれJRと契約を締結 |
| 2016年3月 | JRが名古屋駅中央西工区1期工事については大成建設と大林組で指名競争見積もりを行うと決定 |
| 2016年6月 | 大成建設と大林組がJRに見積もりを提出。大成建設は自社の受注のため大林組に見積もりのつり上げを依頼し、同社よりも安い価格としたが、JRは両社に修正見積もりの提出を指示 |
| | 大林組は修正見積もりの価格を提出前に大成建設に伝達。大林組の見積もりは大成建設を下回っていた。大成建設に見積もりのつり上げを依頼された大林組は、JRの見積もり修正の指示に従わざるを得ないと返答 |
| 2016年9月 | 大林組などのJVが同工事の契約をJRと締結 |
| 2017年12月 | 東京地検特捜部と公正取引委員会が捜査を開始 |
| 2018年3月 | 東京地検特捜部が4社と大川副本部長、大沢副本部長を独占禁止法違反容疑で起訴。大林組と清水建設は起訴内容を認め、大成建設と鹿島は否認 |
| 2018年10月 | 東京地裁が大林組に2億円、清水建設に1億8000万円の罰金支払いを命じる有罪判決を出す（確定） |
| 2020年12月 | 公取委が4社に排除措置を、大林組に約31億円、清水建設に約12億円の課徴金納付を命令 |
| 2021年3月 | 東京地裁が大成建設と鹿島に罰金各2億5000万円の支払いを命じ、大川・大沢の両被告は共に懲役1年6カ月、執行猶予3年とする有罪判決を出す。4者は控訴 |
| 2023年3月 | 東京高裁が4者の控訴を棄却。4者は上告 |

東京高裁の判決と過去の日経コンストラクション記事に基づく事件の流れ（出所:日経クロステック）

冷酷に処断する。少なくとも公取委が立件しようと思えば立件できる状況にあるということだ。「発注者には決して契約外の協力をしてはならない」といった方針が企業のコンプライアンス上、スタンダードになる日も遠くはなかろう。この辺りの経営上の示唆についてては章を改めて論じる。

## 1回限りの入札談合の取り扱い

独禁法2条6項の条文を見ると、「一定の取引分野」において「競争を実質的に制限すること」が要件になっていると分かる。一定の取引分野はしばしば「市場」と言い換えられるが、これは法的用語なので以下では一定の取引分野という言葉を使う。

この言葉には「分野」という言葉が含まれているので取引には一定の広がりが必要であって、1回限りの取引において仮に競争が制限されていたとしても、それは分野とは言い難いので、独禁法の射程ではないという見方も可能である。例えば、入札談合のケースで事実として1回限りの入札において談合があった場合である。価格カルテルで競争制限の対象となる取引が1回というのは考え難いが、入札では成り立ち得る。もちろんその前後に談合企業間の貸し借りのようなものがあるので、それだけで完結した話にはならない場合も多かろうが、いずれにせよ、その限りの事実しか把握できない場合もある。

1回限りの入札における談合は、少なくとも刑法の談合罪の射程ではある。というのは、刑法96条の6第2項の談合罪にはその犯罪を構成する要素、すなわち構成要件に「一定の広がり」を示唆する表現が存在しないからである。96条の6第1項の公契約関係競売入札妨害罪と併せて具体的に条文を見てみよう（下の図参照）。

談合罪との比較でこの「一定の取引分野」を眺めると確かに、1回限りの入札における談合は独禁法からは除外され得るとも読めるが、論理必然性があるとは言えない。単に、「分野とはいうが、1回の入札もそれは分野である」といえばよいからである。

かつては刑法の談合罪は1回（以上）の入札の談合を扱い、独禁法の不当な取引制限規制は2回以上の談合を扱うという何となくの「すみ分け」ができていたし、そう説明されることが多かった。しかし、近年の独禁法の実務においては、そのように厳密にすみ分けている訳ではない。言い方を変えれば、1回限りと評価され得る入札においてもそこで行われた談合が独禁法の射程として扱われたことが何度かある（**東京都個人防護具受注調整事件**[18]、**NTT東日本作業服談合事件**[19]など）。

● **刑法96条の6の条項**

| | |
|---|---|
| **1** | **偽計又は威力を用いて、公の競売又は入札で契約を締結するためのものの公正を害すべき行為をした者は、3年以下の懲役若しくは250万円以下の罰金に処し、又はこれを併科する。** |
| **2** | **公正な価格を害し又は不正な利益を得る目的で、談合した者も、前項と同様とする。** |

（出所:刑法）

**18**　排除措置命令2017年12月12日（2017年（措）第8号など）

**19**　排除措置命令2018年2月20日（2018年（措）第6号）。このような「すみ分け」問題が生じてしまったのは、談合に対して2つの立法がこれを犯罪として扱っているからである。刑法典に談合罪が設けられたのは1941年である。一方、独禁法の母法である米国反トラスト法も同様の扱いをしているので、日本の独禁法が入札談合をその射程とすることは当然視された。これにより入札談合に対する法的規律は刑法の談合罪と独禁法の「二重規制」の形を取ることになった

# 5 談合が公共の利益にかなう場合があるか

## 利益の比較衡量

独禁法2条6項は、「公共の利益に反すること」をカルテルや入札談合が独禁法違反となるための要件として定めている[20]。「公共の利益にかなう」競争制限行為は独禁法違反とならないことになり、しばしばこの「公共の利益」は「正当化事由」と呼ばれている。では、どのような場面において、この公共の利益は認められるのだろうか。

昭和期の石油ショックに際して石油精製会社が灯油などの価格引き上げを行ったことが刑事事件となった**石油カルテル（価格調整）事件**の最高裁判決[21]は、「公共の利益」の観点から競争減殺の正当化の余地を認めている。学説上は、この概念を用いることには否定的で、競争の実質的制限の有無の問題として競争減殺の正当化を図ろうとする傾向が強いが、ここでは「公共の利益」の問題としてのみ触れることとする。結局、説明の体裁が違うだけで実質的に同じ作業をしているのであって、その違いは無視できる。

会計法令は契約者選定過程における競争性の確保を要請し、競争的な手法を原則としつつも、必要に応じて非競争的な手法の選択を発注者に許容している。もちろんのこと、発

20　刑事法の議論では違法性阻却事由として理解されている
21　最判1984年2月24日刑集38巻4号1287頁

注者を規律する会計法令上に企業側による競争制限を認める（あるいは認めない）規定は存在しない[22]。

会計法令上、発注者が競争制限的な手段を採用することが認められる理由は、それが公共調達の目標実現にとって必要性があるからである。例えば、任意の入札参加資格設定の根拠条文に、「必要があるときは」[23]「契約の性質又は目的により」[24]と規定されていることからも分かる。

一方、独禁法では、競争制限行為を正当化するロジックは、公共の利益に反しない、あるいは公正競争阻害性が存在しない、という形で展開されることになる[25]。公共の利益の理解に関し、**石油カルテル（価格調整）事件**の最高裁判決は次の通り述べている[26]。

独禁法の立法の趣旨・目的及びその改正の経過などに照らすと、同法2条6項にいう「公共の利益に反して」とは、原則としては同法の直接の保護法益である自由競争経済秩序に反することを指すが、現に行われた行為が形式的に右に該当する場合であつても、右法益と当該行為によつて守られる利益とを比較衡量して、一般消費者の利益を確保するとともに、国民経済の民主的で健全な発達を促進する」という同法の究極の目的（同法1条参照）に実質的に反しないと認められる例外的な場合を右規定にいう「不当な取引制限」行為から除外する趣旨と解すべきであり、これと同旨の原判断は、正当として是認することができる。

---

22 大津判決によれば、企業側には許されていない契約締結過程の非競争化によって、発注者が選択した形式的な競争的手続きの矯正を行っているという「ねじれ」が存在した
23 予決令72条など
24 予決令73条など

競争制限によって得られる価値と失われる価値との比較衡量を認め、その基準を独禁法の究極目的である「一般消費者の利益を確保するとともに、国民経済の民主的で健全な発達を促進すること」(1条)に見いだそうという判例の考え方は、競争それ自体に内在する価値ではなく、競争は効率性のような経済的帰結を実現する手段的価値の追求にあることを物語っている。

## 安定供給は理由にならない

では公共契約の分野で競争制限の正当化問題が生じた場合に、前記の**石油カルテル（価格調整）事件**の最高裁判決を当てはめるとどのような比較衡量になるのだろうか。これは公共契約の分野における「一般消費者の利益確保」と「国民経済の民主的で健全な発達促進」とはどのようなものとして理解されるのだろうか、という問いに置き換えることができる。考えられるのは、談合をすることで適正な利益を確実にし、その前提で工事品質を担保しようという主張だ。

だがそもそもこの問題の立て方自体が受け入れられていない、ことを前提に考えなければならない。なぜならば、発注機関は公共契約に際し、競争的手続きを採用しており、これに反する企業の行動（入札談合など）は、そもそも発注機関の意図に反しているという評価になるからである。工事の品質を維持するのは受注者にとって当然であり、その当然の要請を

25　かつては適用除外規定の創設も議論の対象とされた。例えば、舟田正之「公共工事に関する独禁法の適用除外の可否」全建ジャーナル21巻10号8頁以下（1982年）、松下満雄「公共工事における入札と独占禁止法の適用」建設総合研究31巻2号1頁以下（1982年）参照

26　最判1984年2月24日刑集38巻4号1287頁

満たす前提の下、できる限り競争的な価格を提示するのが競争入札だ。安くなり過ぎると品質を保証できないのであれば、そもそも応札すべきではない、ということになる。実際、「競争制限が発注機関の利益のために実施された」と正当化を試みたケースは幾つか存在するが、正当化が認められたケースは存在しない。かつてはそのような観点からそもそも摘発しないという実務だったのかもしれないが、少なくとも現在ではそのような正当化は成功しないことだけは言える。

例えば、前記の**郵便区分機談合事件**の高裁判決では、違反が疑われた2者は「独占的買主(発注者)である郵政省が、その郵便処理機械化による効率性の向上、経費の削減等を目的とする郵便事業の大改革及びこれによる消費者利益の確保という国家的プロジェクトを確実に実現するために郵便処理機械化のための区分機類の製造販売企業(売主・受注者)側の立場にある」企業に協力を求めた事案である旨を主張している。この主張は退けられた。「郵政省の区分機類の発注のおおむね半分ずつを安定的、継続的かつ確実に受注する目的を持って本件違反行為を行っていたものと認められる」から「公共の利益に反して」いることは明らかであると判決は言い、また新規参入企業の出現によって落札率が大幅に低下していることも企業側の主張を退ける理由として挙げている。

競争減殺によって公共調達の目的が実現できるとする企業側の理屈は、決して突拍子もないものではなく、かつて談合罪の事件である地方裁判所が無罪判決を出し、それが確定したケース[27]のロジックそのものである。それは競争が激化して、低価格受注になれば手抜き工

27 いわゆる「大津判決」。これは談合罪の説明のところで再び触れる

事のリスクも高まるという理由で入札談合を正当化したものであった。しかし、同様のロジックは現在では通用しない。例えば、**第2次東京都水道メーター談合事件**[28]で最高裁は、「…本件合意は、競争によって受注会社、受注価格を決定するという指名競争入札等の機能を全く失わせるものである上、中小企業の事業活動の不利を補正するために本件当時の中小企業基本法、中小企業団体の組織に関する法律等により認められることのある諸方策とはかけ離れたものであることも明らかである。したがって、本件合意は…『公共の利益に反して』の要件に当たる…」と述べている。実務上、入札談合の正当化の余地は皆無といってよい。

競争のルールを決める発注機関自らが競争的な手続きを採用していることが決定的である。発注機関の意思と利益とが矛盾するという前提については、実態がどうかは別にして、少なくとも発注機関自らが自己否定的な評価をするはずもなく、競争制限の正当化は発注機関の意思に逆らったものとしつつ合理的根拠を示すか、発注機関が虚偽の説明をしていることを証明しなければならない苦しい対応を迫られることになり、これらを突破するのは至難の技である。

## 国防でも同じ

平成期中頃に起こった**防衛庁調達実施本部が発注する航空機燃料にかかる入札談合事件**で、起訴された各石油精製会社は、航空機燃料の受注調整は公共の利益の観点から発注者である

28　最判2000年9月25日刑集54巻7号689頁

防衛庁にとって有利なものであるとの主張を行った。すなわち受注調整によって、「特殊で厳格な納入条件の遵守」「納入困難な物件の安定供給の確保」「品質の保持」などという、「国防にとって極めて重要かつ重大な利益が守られており、かつ、契約にかかる価格も相対的に調達実施本部に有利なものであった。したがって、本件受注調整は、それによって守られた利益との比較衡量において、独禁法の究極目的に反しない」と主張したのである。

しかし、東京高裁は以下の通り述べて、この主張を退けた（その後最高裁まで争われて有罪が確定）[29]。

本件受注調整の目的は、被告会社等がそれぞれ前年度実績並みの受注割合を確保し、価格競争による落札価格の下落を防ぐことにあり、その内容及び方法は、受注調整会議を開くなどして、受注予定会社及び各社の入札等に対する対応等を定め、受注予定会社が受注できるように入札等を行うことなどを合意・決定したものであって、その結果、競争によって受注業者、契約価格を決定するという指名競争入札の機能は全く失われている。

要するに、発注者が競争入札を実施した以上、それに反する反競争的な行動は一切の弁明を許さないということだ。形式上は民間発注だったが公的色彩の強い、**東京五輪談合事件**（発注者側幹部について２０２３年に東京地裁判決）では、発注者である組織委員会の幹部が受

29 東京高判2004年3月24日審決集50巻915頁、判タ1180号136頁。上告審は、最判2005年11月21日刑集59巻9号1597頁

注調整に関与していたという容疑で独禁法違反罪（不当な取引制限罪）の共犯に問われたが、この元幹部は有罪を争わなかったために自身については早い段階で地裁判決が下され[30]、被告人側が控訴しなかったので有罪が確定した。この事件では時間的制約が厳しい五輪では確実な契約が最優先課題であり、そのために競争よりも計画を重視し、当初は特命随意契約を念頭に置きつつ受発注者間での情報交換を行っていたとされるが、直前になって委員会の公的性格から透明で中立とされる競争入札（類似の方法）が選択されたという。罪に問われた発注者側の元幹部は公判で、「今でもどうすればよかったのか」と語ったという。発注者側もやりようが分からない調達案件について、受注者側はどう対応せよというのか。競争の実質的制限要件の充足性が問われた**リニア談合事件**と同様の問題がここでも発生している。

しかし、裁判が示唆するところは（その是非はともかく）一貫している。発注者が競争の手続きを用意した以上、公共の利益の要件においてもそれに反する一切の弁明を許さない、というのが実務の態度だということである。受注者は発注者がどれだけ困ろうが、調整後に競争の手続きが採用されたならば、いち早くそこから逃げなければならないということだ。これが独禁法のリアルなのである。

## 発注者も悪い

独禁法についてしばしば質問されるのが、官製談合の当事者である公共機関は独禁法違反

30　東京地判2023年12月12日（令和5年特（わ）第311号）

にはならないのか、ということである。不当な取引制限の定義規定が「この法律において『不当な取引制限』とは、事業者が…」と書かれているので、論点は公共機関が事業者と言えるかどうか、ということになる。２条１項に「事業者」の定義規定が存在し、「事業者とは、商業、工業、金融業、その他の事業を行う者をいう」と定められているが、これだけでは公共機関の事業者性については判断できない。

この問題については実は既に最高裁判例が存在する。１９８９年12月に最高裁判決が下された**都営芝浦と畜場事件**[31]だ。食肉解体場を有料で提供する東京都が、その価格の安さから競合する民間企業から損害賠償請求訴訟を提起した。最高裁は、２条１項にいう「事業はなんらかの経済的利益の供給に対応し反対給付を反復継続して受ける経済活動を指し、その主体の法的性質は問うところではない」との解釈を示した。それを受けて東京都の事業者性を認めたのである。

## 公共事業は独禁法上の事業ではない

ただし、だからといって公共契約一般において公共機関の事業者性が認められる訳ではない。調達に伴って支払う金銭を「経済的利益の供給」と考え、調達を「反対給付」と考えれば、公共機関の調達活動はこの解釈の射程にあるようにも見えるが、公共調達の場合、大前

31　最判1989年12月14日民集43巻12号2078頁

提として調達目的は行政サービスの提供にある。行政サービスが「なんらかの経済的利益の供給に対応し反対給付を反復継続して受ける経済活動」と言えない以上、その準備作業としての諸々の調達活動は事業とは言えないということになる。

そもそも実際問題として競争入札を実施しておきながら公共機関が「組織として」官製談合を行うと捉えるのは容易ではない。というのは、少なくとも表面上は競争入札のメリットを享受しようとしているのであるから、最高幹部の承諾がある場合などの例外的なケースは別にして、組織的な意思決定として談合に関与することは考えにくく、その組織の一部が組織としての公共機関の利益に反して談合に関与するという理解に落ち着きやすい。つまり実務上は、官製談合の当事者個人が不当な取引制限規制違反罪（あるいは官製談合防止法違反罪）の主体になり得ることはあっても、公共機関が事業者として行政処分の対象となったり、公共機関が組織として独禁法上の刑事責任が問われたりすることはない、と考えられる。公共発注機関が「事業者」として独禁法違反に問われたことも、また、「法人」として刑事制裁の対象となったことも（独禁法違反に対する措置・制裁については後述する）、これまでのところ例がない[32]。

32　日本道路公団法に基づき設立され、資本金は全額日本国政府が出資していた日本道路公団の副総裁が独禁法違反の共謀共同正犯に問われた「橋梁談合事件」では、日本道路公団それ自体は告発、起訴されていない

# 6 共同企業体（JV）と入札談合

## JVは警戒されている

競争数の減少を伴う共同企業体（JV）は、競争政策の観点からは歓迎されない傾向がある。発注者が応札の条件としてJV構成を義務付けるならば応札者数は減少し、1者（1共同企業体）応札の可能性が高くなることは当然の帰結だ。1者応札が予想されるケースでは落札率は上がる。一方で、共同企業体を構成することは技術面や財務面などにおいて競争力を増す効果もある。また、大手企業に中堅企業とのJV構成を義務付けることによって、技術力の移転や地域企業の育成といった効果も期待できる。一概に善しあしを判断できない。一定規模以上の工事であれば、そもそもJVでないと対応できない場合もあるだろう。結局、発注者が共同企業体とどう向き合うかは、目的実現の手段として何が有効かの問題として議論されるべきものである。

共同企業体は構成する過程で企業間の様々な交渉が実施されることが当然の前提となっている。その際、どのような共同企業体が構成されようとしているのかといった関連する情報は交換される。卑近な言い方をすればどの企業がどの案件に「唾を付けようとしているのか」

が情報共有されやすい。構成企業の組み合わせ次第で、有利か不利かが事前に決まってしまう場合もあるだろう。総合評価落札方式の場合、非価格点を決める応募資料の作成に大きなコストがかかるので、不利と判断した企業とは手を組むのを諦めることもあるだろう。つまり、共同企業体の構成段階で競争は終了している場合も考えられる。このような場合、応募にこぎ着けた共同企業体は自らのみが生き残ったことを確信するだろう。既に企業間で情報がやり取りされている以上、自然になし得る予測である。

共同企業体がなかったとすれば競争的であったものが、共同企業体の存在によって競争が減殺されるのであれば、それは独禁法の関心事である。それは公共調達の分野においてどのように論じられるべきだろうか。

## 公正取引委員会の指針

公正取引委員会が１９９４年７月に策定した「公共的な入札に係る事業者及び事業者団体の活動に関する独占禁止法上の指針」（２０２０年12月最終改正）[33]では、公共入札に応札する共同企業体の形成が、独禁法上の問題となり得る場合について次のように述べている。

共同企業体により入札に参加しようとする事業者が、単体又は他の共同企業体により当該入札に参加しようとする事業者との間で、当該入札への参加のための共同企業体の

33　https://www.jftc.go.jp/dk/guideline/unyoukijun/kokyonyusatsu.html

結成に係る事業者の組合せに関して、情報交換を行い、又は事業者団体が、かかる情報交換を促進すること。

一方、指針では原則として違反とならない行為も挙げている（次ページの図参照）。共同企業体の形成過程における競争制限の合意を立証する際に重要なことは競争手続きに悪影響を与えるような情報交換、すなわち競合する共同企業体の入札情報につながるようなやり取りがあるかないかである。しかし、その線引きは容易ではない。違反要件に引きつけていうならば、こういった共同企業体の構成過程における意見交換、情報交換を先行行為として競争制限に向けた共同性（＝意思の連絡）をどう認定するかという問題である。同じ発注者が同種の工事を何度か発注する場合の「ローテーション調整」の場合が念頭に置かれやすい。同時に分割された工区間でのすみ分けのようなものもあり、交換される情報の質にもバラエティーがあり、調整される意思決定の在り方も様々だ。

ＪＶの構成は競争制限の環境を生み出しやすい。大規模な工事になればなるほど扱える企業が限られるのでその傾向が強まると言えよう。工区を分けることはその競争制限の傾向をさらに強める恐れがある。工事を一括発注すれば、どのＪＶが参入するかが事前に予想できたとしても、仕事が欲しいＪＶ間で競争が起こることが期待できる。自らのＪＶが負ける恐れがあれば、競い合いによって受注の可能性を高めようとするからだ。しかし工区が分けられてしまい、その工区の数に応じた数のＪＶが形成されると、各ＪＶは負けるリスクを減らそうとするだろう。他のＪＶのターゲットが予想できれば、それにぶつけるよりも、それとは異なるターゲットを狙う方が安全である。ＪＶはその構成の段階で様々な情報のやり取りがあり、その過程で直接のすみ分けに向けた交渉がなくとも、暗黙のうちにすみ分けられることは容易に予想がつく。結果、誰も負けない（全ＪＶが受注する）ことになる。

公取委によって公表されている相談事例を次のページに挙げておこう[34]。やや古い１９９５年のものではあるが、現在でも十分参考になる。

## 豊洲市場のケース

なお、事件にはなっていないが、東京都の豊洲市場施設建設発注において、３棟の施設がいずれも１共同企業体の参入となったことが問題視されたことがある[35]。それも共同企業体の形成が義務

●共同企業体の形成で原則として違反とならない行為の参考例

- 入札に参加しようとする事業者を構成員とする中小企業者の団体が、構成事業者の情報収集能力の不足を補うため、当該入札に関する対象物件の内容、必要な技術力の程度等について発注者が公表した情報を収集・提供すること
- 事業者が、入札に参加するための共同企業体の結成に際して、相手方となる可能性のある事業者との間で、個別に、相手方の選定のために必要な情報を徴し、又は共同企業体の結成に係る具体的な条件に関して、意見を交換し、これを設定すること
- 中小企業者の団体が、経常的な共同企業体の運営に関する一般的な指針（構成員の分担業務実施のための必要経費の分配方法、共通費用の分担方法等）を作成し、構成事業者に提供すること

「公共的な入札に係る事業者及び事業者団体の活動に関する独占禁止法上の指針」から抜粋
（出所:公正取引委員会）

34　https://www.jftc.go.jp/dk/soudanjirei/kisokugyouseinado/johokoukan01.html
35　真城愛弓「豊洲新市場で疑念残るゼネコンの“予定調和”」東洋経済2016年10月15日号22頁以下（2016年）

●共同企業体に参加する企業の事前調整の例

| 相談者 | 電気設備工事業者の団体 |
| --- | --- |
| 相談の要旨 | (1) 県発注の電気設備工事のうち一定規模以上の物件については、通常、共同企業体を結成した上で、一般競争入札により工事受注者が決定されている。<br>この場合、当該設備工事に必要な技術力などの工事施工能力の関係から、共同企業体の組み合わせについては、県外の大手工事業者と地元の工事業者との組み合わせとなることが一般的であるが、県外の大手工事業者の数に比べて、地元の工事業者の数が多いため、共同企業体による入札参加を希望しても、その組み合わせから外れる工事業者が出てくる。 |
| | (2) そこで、当団体としては、会員の入札参加の機会を公平化し、共同企業体の組み合わせを円滑に行うために、各工事ごとに、会員から共同企業体による入札参加の希望を報告させ、これに基づいて、入札参加予定の大手工事業者の数に見合うようくじ引きなどの方法により、共同企業体参加者の事前調整を行うことを考えている。<br>これは、当然ながら、結成された各共同企業体による受注競争を一切妨げるものではなく、あくまで参加機会の公平を図るためのものであるが、独占禁止法上問題ないか。 |
| 独禁法上の考え方 | (1) 共同企業体により入札に参加しようとする事業者が、単体または他の共同企業体により当該入札に参加しようとする事業者との間で、当該入札への参加のための共同企業体の結成にかかる事業者の組み合わせに関して、情報交換を行い、または事業者団体がかかる情報交換を促進することは、独占禁止法上問題となる恐れがある。<br>[入札ガイドライン1−3(共同企業体の組み合わせに関する情報交換)] |
| | (2) たとえ共同企業体による受注競争に直接的には関与しないとしても、団体が、会員から共同企業体参加の希望を徴した上で大手工事業者の数に見合うよう参加希望者の調整を行うことは、それ自体が会員の入札参加の機会を制限するものであり、また、このような行為は、入札に参加する各共同企業体間における受注予定者決定行為に結び付く恐れがあり、独占禁止法上問題となる。 |
| 回答の要旨 | 団体が、くじ引きなどの方法により、共同企業体参加者の事前調整を行うことは、独占禁止法上問題となる。 |

[入札ガイドライン1−3]から抜粋(出所:公正取引委員会)

付けられ、ひとたび入札が不成立で流れた後の再度入札において、7者による共同体を発注者である東京都が義務付けた。構成員の数が多くなればなるほど情報交換のネットワークが広がり、そのやり取りの中ですみ分けが生じやすい。

2度目の入札も1共同企業体が応札し落札した。競争の結果かもしれないが、人によっては競争の欠如であるようにも映る。それも構成員の多い共同企業体を義務付けたというのであれば、発注者側が競争を望んでいないケースといわれても仕方がない。確実に意中の1者に落ち着かせようとしているのでは、というう

● 豊洲新市場のイメージパースと3棟の入札状況

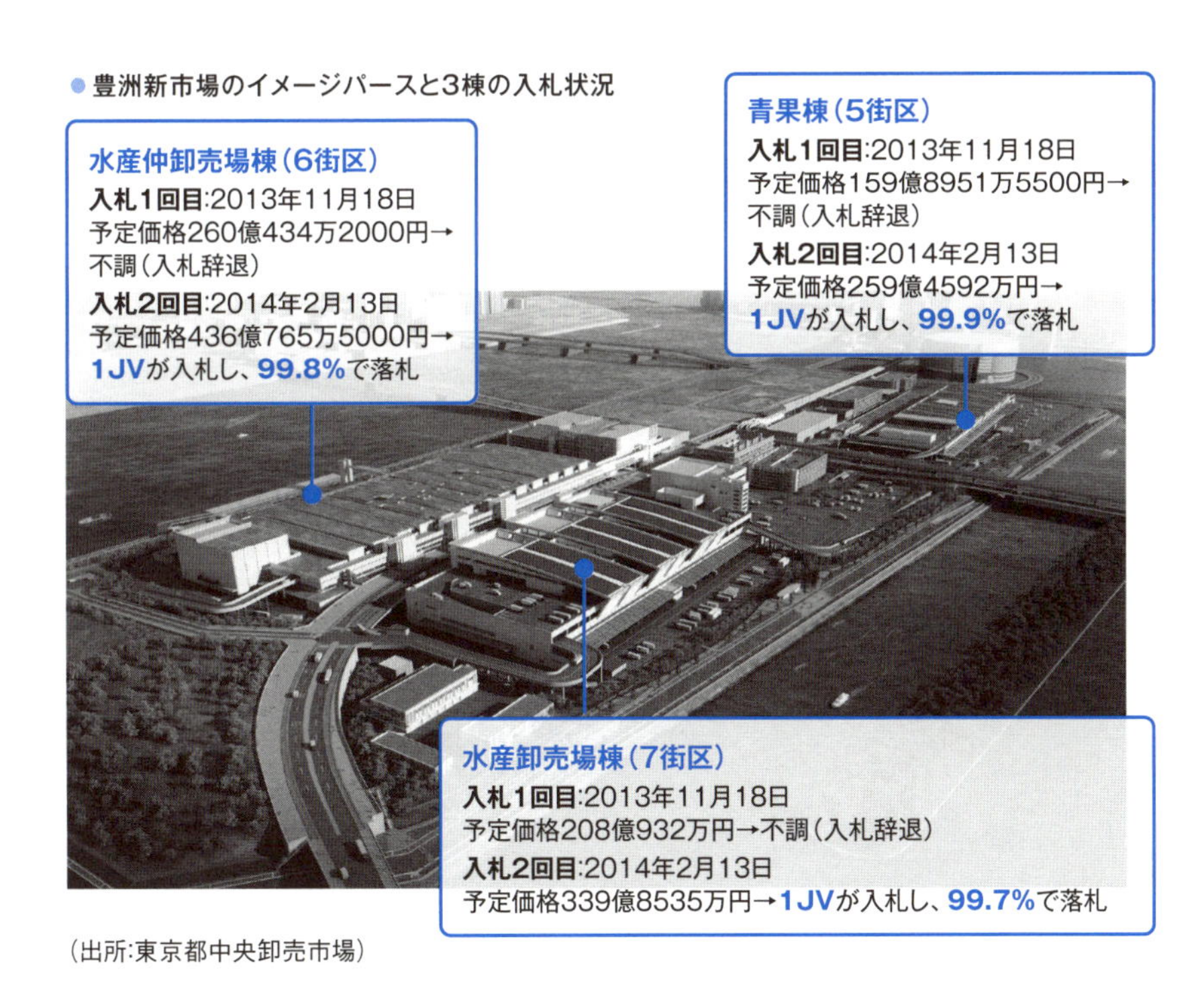


（出所:東京都中央卸売市場）

推測すらされかねない発注者の対応を見ると、筆者には自然と、失敗できない大規模工事においては競争と計画の狭間で常に悩み続けている発注者の姿が思い浮かぶ。発注者は確実な契約と確実な履行を何よりも好む。しかし、競争の体裁への拘泥はかえって法的リスクを生み出す。角度によっては、官製談合に見えてしまうからである。

# 第3章

# 独禁法2
# 入札談合だけが入札不正ではない

# 1 排除と支配

## 公取委が不当廉売で建設会社に警告

２００５年制定の公共工事品質確保法は、公正取引委員会の態度をも変化させた。それまで一方通行のように反カルテル、反談合キャンペーンを展開してきた公取委が、不当廉売規制違反にも注視するようになった。公共工事品質確保法の制定直後に独禁法も改正され、不当な取引制限規制違反に対する課徴金算定率が大きく引き上げられると同時に、課徴金減免制度といった大胆な対策が導入され、談合の抑止に一定のめどがついた。公取委は２００６年10月より順次、国土交通省、農林水産省、各都道府県、各政令指定都市に対し、２００５年４月１日より１カ年半の間に発注した公共工事などについてダンピング受注に関する情報提供を依頼した。そこで俎上(そじょう)に載った建設会社の損益状況などの調査を通じて、独禁法上問題視すべきケースを絞り込み、２００７年６月、対象の建設会社に警告を行ったのである。

その１つが、国交省北海道開発局が２００６年に発注した夕張シューパロダム堤体建設第１期工事だ。大成建設と大林組が独禁法上の不当廉売規制違反の疑いで警告の対象となった。これらの建設会社が代表者となった共同企業体（ＪＶ）に、不当に低い価格で受注し他の建設会社の事業活動を困難にさせる恐れを生じさせる疑いがある、という事実に基づくものであった。

具体的には、堤体建設を受注した大成建設・地崎工業（現・岩田地崎建設）・中山組ＪＶの落札率が46・６％で、骨材製造を受注した大林組・戸田建設・岩倉建設ＪＶの落札率が54・５％だった。

同時に出された警告は、ハザマ（現・安藤ハザマ）が受注した千葉市発注の公共工事２件、馬淵建設が受注した横浜市発注の公共工事５件、丸本組が受注した宮城県発注の公共工事９件であった。事実関係は同様で、これら建設会社が単独にあるいはＪＶの形で受注した案件について、その供給に要する費用を著しく下回

右岸側から見た夕張シューパロダムの堤体全景（2013年9月時点）。写真の左手に見える既存の大夕張ダムは、夕張シューパロダムから155m上流に位置する。大夕張ダムの奥はシューパロ湖
（写真:北海道開発局札幌開発建設部）

る価格で繰り返し受注し、他の建設会社の事業活動を困難にさせる恐れを生じさせる疑いのある、という事実に基づくものであった。その翌年には奥村組、オリエンタル白石、戸田建設に対して同様の警告を行っている[1]。

いずれのケースも「不当に低い価格で受注すること」によって「他の建設会社の事業活動を困難にさせる恐れを生じさせること」が問題とされている。単に品質上の問題があるからと独禁法が問題視している訳ではない。独禁法の関心事は「競争」である。公共工事品質確保法も個別の契約を問題にしつつも、公共工事の競争入札の在り方という「競争（の適正化）」問題を扱っている。その交錯領域に公取委側が踏み込んだのが、不当廉売規制に基づく一連の警告なのである。

このように、公共工事分野において独禁法違反が問われるのは入札談合だけではない。他の企業の事業活動に悪影響を与える行為も問題になるのだ。

## 談合か排除か

入札談合は競争を停止することを申し合わせる行為であるが、独禁法は競争停止の他に、他者を排除することで競争機能を停止するという反競争効果をもたらす行為も禁止の対象にしている（代表的な例として、**ロックマン事件**[2]が

---

1　以上の記述につき、公正取引委員会「低価格入札に関する研究」競争政策研究センター共同研究 CR04-12（2012年）17～19頁、日経クロステック2007年6月26日Web記事（https://xtech.nikkei.com/kn/article/const/news/20070626/509125/）（「公取委が大手・準大手建設会社に不当廉売で初の警告、原価割れに着目」）など参照

2　公共調達において安定受注を目指したい既存の受注者が、競合他社を排除する手段は様々である。例えば、公共入札を舞台とした排除行為ではないが関連するものとして、ロックマン事件（勧告審決2000年10月31日審決集47巻317頁）がある。

ある工事の施工現場の推進工法とされるロックマン工法に用いるロックマン機械の大部分を販売する1企業と、ロックマン機械を用いて同工法による下水道管きょ敷設工事（ロックマン工事）などの土木工事業を営む17企業とが共同して、これら17企業が属するロックマン工法協会の会員以外の者に同機械の貸与、販売、転売を禁止するよう決定した行為が公正取引委員会によって不公正な取引方法規制違反に問われて（旧一般指定1号（現行2条9項1号）、旧一般指定2号（現行一般指定も同じ））を適用した

ある）。公共調達ならば、他の受注希望者を入札から排除したり不利にしたりすることなどを通じて、自らの受注機会を拡大しようとする行為を指す。談合は合意が維持できるならば確かに有効な利益獲得手段であるが、利益に預かる企業が複数になることから取り分は少なくなる。もし競合他社を全て駆逐できるならば利益は独り占めだ。どちらの方が有利かはその確実性による。

独禁法上、排除行為に該当する違反類型は多岐にわたるが、ここでは実際に問題になった（なりそうな）ものに限定して紹介する。排除型私的独占規制（3条前段、2条5項）と不公正な取引方法（19条）の1類型である不当廉売規制（2条9項3号他）である。

不当廉売規制では、ある企業（法文上は「事業者」）が廉売（商品を安い値段で販売すること）によって他の企業の事業活動を困難にして入札から排除することで、支配的地位の獲得や強化を目指すところにその反競争性が見いだされている（競争減殺型の公正競争阻害性）。不当廉売規制は第1の私的独占規制の「予防規定」的な位置付けと理解されている[3]。すなわち、不当廉売規制の目指すところは私的独占規制のそれと変わらず、ただ競争に与える影響の程度が違うということである[4]。

## 他者への支配

3　内閣府の独占禁止法基本問題懇談会報告書（2007年6月26日）（https://www8.cao.go.jp/chosei/dokkin/archive/kaisaijokyo/finalreport/body.pdf）Ⅲ3（2）イでは、不当廉売規制を私的独占の予防規定として位置付けている

4　かつては異なる見方もあったが、今ではおおよその共通了解である。なお、不当廉売規制も含めて排除型の不公正な取引方法の諸類型は私的独占規制とかぶるところがある。このような二重規制的になっているのは独禁法制定の歴史的経緯によるものであり理論的なものでは必ずしもない

もう1つ、他者への支配を通じて競争を制限したり、公正な取引を阻害したりすることが独禁法上の禁止の対象となっている。具体的には、支配型私的独占規制（3条前段、2条5項）と不公正な取引方法（19条）の1類型である優越的地位乱用規制[5]（2条9項5号）の2つの類型が該当する。

これらの類型は何らかの他者支配を違反要件とするものであるが、前者が競争への悪影響を問題視するのに対して、後者は取引当事者間における関係性を問題にするという違いがある。いずれも公共契約分野に少なくない関わりを有するものである。

同じ「支配」を扱っているにもかかわらず、一方が「私的独占」として扱われ、もう一方が「不公正な取引方法」として扱われている。この点は、排除型私的独占規制と不当廉売規制と同様だ。しかし先ほど、「不当廉売規制の目指すところは私的独占規制のそれと変わるところがなく」と述べたが、支配型私的独占規制と優越的地位乱用規制とでは目指すべきところが決定的に異なる点に注意が必要である。すなわち前者の目指すべきところは私的独占規制と同様に競争機能の維持に向けられているが、後者はそうではない。力の乱用を抑止することで取引当事者間の公平で適正な取引を実現することにある。ここで建設業の関係者であれば建設業法の「地位の不当な利用」（19条の3第1項、19条の4）の禁止条項を想起するだろう。両者、すなわち独禁法上の優越的地位乱用規制と建設業法上の地位の不当利用規制は、同じ問題を扱うパラレルな規定なのである（詳しくは102ページを参照）。

---

5　法文上「濫用」の用語が用いられているが、本著では一般的用語である「乱用」を用いることとしている

# 2 欺罔型

## 排除による競争制限

独禁法3条では「事業者は、私的独占又は不当な取引制限をしてはならない」と規定している。私的独占の定義は2条5項によると、次の通りだ。

この法律において「私的独占」とは、事業者が、単独に、又は他の事業者と結合し、若しくは通謀し、その他いかなる方法をもつてするかを問わず、他の事業者の事業活動を排除し、又は支配することにより、公共の利益に反して、一定の取引分野における競争を実質的に制限することをいう。

入札談合は競争を停止することを申し合わせる行為であるが、独禁法はそれ以外に、他者を排除することで反競争効果をもたらす行為も禁止の対象にしている。ここでいう「排除」とは「他の事業者の事業活動の継続を困難にさせたり、新規参入者の事業開始を困難にさせたりする行為であって、一定の取引分野における競争を実質的に制限することにつながる様々な行為」[6]を指す。公共調達に引き付けるならば、他の受注希望者を入札から排除したり不利にしたりすることなどを通じて、自らの受注機会を拡大しようという行為を指す。これは排除型私的独占規制の対象となる。ただ、当然、良質廉価な製品やサービスを買い手（公共調達においては発注者）に提供することで競争他者が市場から退出させられたり、参入できなかったりする場合、競争は健全に行われているため独禁法上問題にすべきものではない。私的独占規制ではそのような「効率性に基づく」排除行為は問題にされることがない[7]。

公共入札ではないが、私的独占規制における競争の実質的制限の意味については、2009年の**NTT東日本FTTH私的独占事件**の高裁判決[8]が参考になる。そこでは、「競争自体が減少して、特定の事業者又は事業者集団がその意思で、ある程度自由に、価格、品質、数量、その他各般の条件を左右することによって、市場を支配することができる状態を形成・維持・強化することをいう」と示され、同事件の最高裁判決[9]がこれを支持する形になっている。不当な取引制限規制と同様である。

なお、公共の利益については不当な取引制限規制と異なる解釈論が私的独占規制でなされている訳ではなく、そもそも実務で問題になることはない。効率性に基づかない排除のみが私的独占規制違反の射程となっており、効率性に基づかない排除で実質的競争制限効果まで生じているのに、公共の利益から正当化できるようなケースを想起することは難しい。

6　「排除型私的独占に係る独占禁止法上の指針」（2009年10月28日、公正取引委員会）（https://www.jftc.go.jp/dk/guideline/unyoukijun/haijyogata.html）第2.1

7　「排除行為とは、他の事業者の事業活動の継続を困難にさせたり、新規参入者の事業開始を困難にさせたりする行為であって、一定の取引分野における競争を実質的に制限することにつながる様々な行為をいう。事業者が自らの効率性の向上等の企業努力により低価格で良質な商品を提供したことによって、競争者の非効率的な事業活動の継続が困難になったとしても、これは独禁法が目的とする公正かつ自由な競争の結果であり、このような行為が排除行為に該当することはない」（公正取引委員会「排除型私的独占に係る独占禁止法上の指針」（第2.1（1））

## パラマウントベッド事件

公共サービスにおいて行政機関が万能でないように、公共調達において発注者は万能ではない。例えばシステムや特殊な物品の調達について、提供側の企業よりも専門性を有する発注者は考えにくいし、あったとしてもごく少数にとどまるだろう。発注者からすれば専門企業からの発注者支援でも受けない限り（契約となればそれ自体が業務委託になる）、仕様を組む段階で困難に直面するだろう。その他の業務委託や物品調達であっても同様である。その場合、非公式にこれまで受注実績のある企業に事前にヒアリングをかけて情報収集することがある。発注者からすればあくまでも参考材料として扱うつもりでも、受注機会を拡大したい企業からすれば知識の格差を利用して、自らに有利な仕様などを発注者に組ませるよう欺罔（きもう）的に情報を提供する（吹き込む）ことを画策するかもしれない。

１９９８年に公正取引委員会から勧告審決を受けた**パラマウントベッド事件**[10]は、まさに、このような競争他者を排除するために発注者に対して欺罔する行為が問題とされたケースである。

パラマウントベッド社は東京都発注の都立病院用ベッドの仕様について、自らの実用新案権が付いた仕様や他社が製造するにはコストが高くつくような仕様を、そうであることを隠して発注担当者に吹き込んだ。東京都と流通企業との間で取引される市場（入

8　東京高判2009年5月29日審決集56巻第2分冊262頁
9　最判2010年12月17日民集64巻8号2067頁
10　勧告審決1998年3月31日審決集第44巻362頁。本件においては、中小企業育成の観点から、入札に参加できるのは医療用ベッドを扱う流通企業に限定されていた

札）から同社の競争他者を排除し、競争減殺効果を生じさせたとして、公取委によって私的独占規制違反が認定され同社は排除措置命令を受けた。

当然ながら営業行為の一環として、自社製品の優れた点を売り込むこと自体何ら問題はない。そこから先は契約に向けた競争ルールを設定する発注者側の問題である。しかし、発注者を欺罔し、競争性が確保された入札手段を発注者が選択する余地を狭めたことは、効率性に基づく排除とは言えないし、その結果、競争他者の製品が発注対象から実質的に除外されることになるのであるから、実質的競争制限に当たるような競争減殺効果が生じている以上、私的独占規制の射程に入ることになる。

# 3 癒着型

## 東北農政局事件

受発注者が通謀して、発注者が受注者を入札上有利にしようとする癒着型の排除行為は、独禁法の不公正な取引方法規制違反として扱われることもある。2018年に公正取引委員会から排除措置命令が出た**農林水産省東北農政局事件**[11]だ。対象は農水省東北農政局の公共工事だ。同省はWTO（世界貿易機関）政府調達協定対象となる公共工事を標準A－Ⅱ型と呼ばれる施工体制確認型総合評価落札方式による一般競争入札方式で発注。その際入札参加申請者に対して、入札説明書で示した課題を解決する技術提案書の提出を求めていた。

同局は本件対象工事について、初めに評価者3人で技術提案を評価した。その後、工事技術評価委員会において、当該評価者3人が評価した内容を検討した上で評価内容と技術評価点を決定。さらに、技術審査会において工事技術評価委員会での評価内容と技術評価点を審議し、最終的な技術評価点を決定した。その際、技術審査会は工事技術評価委員会が決定した技術評価点をそのまま追認していた。

受注を目指していたフジタ東北支店の従業員は、東北農政局を退職後に同社東北支店に再

11　排除措置命令2018年6月14日審決集65巻第2分冊1頁

●農林水産省東北農政局事件の違反行為の概要

**本件対象工事5件の発注手続きの特徴**

- ▶施工体制確認型総合評価落札方式(標準A-II型)による発注
- ▶標準点・施工体制評価点・加算点・入札価格により落札者を決定。標準点と施工体制評価点は入札参加者の間で点数に差はなし。差が生じるのは**加算点**と入札価格
- ▶加算点は入札参加資格者が提出した**技術提案書の技術評価点**で算出
- ▶評価値が最も高い者=落札者

$$\text{評価値} = \frac{\text{標準点(100点)} + \text{施工体制評価点(30点)} + \text{加算点}}{\text{入札価格}}$$

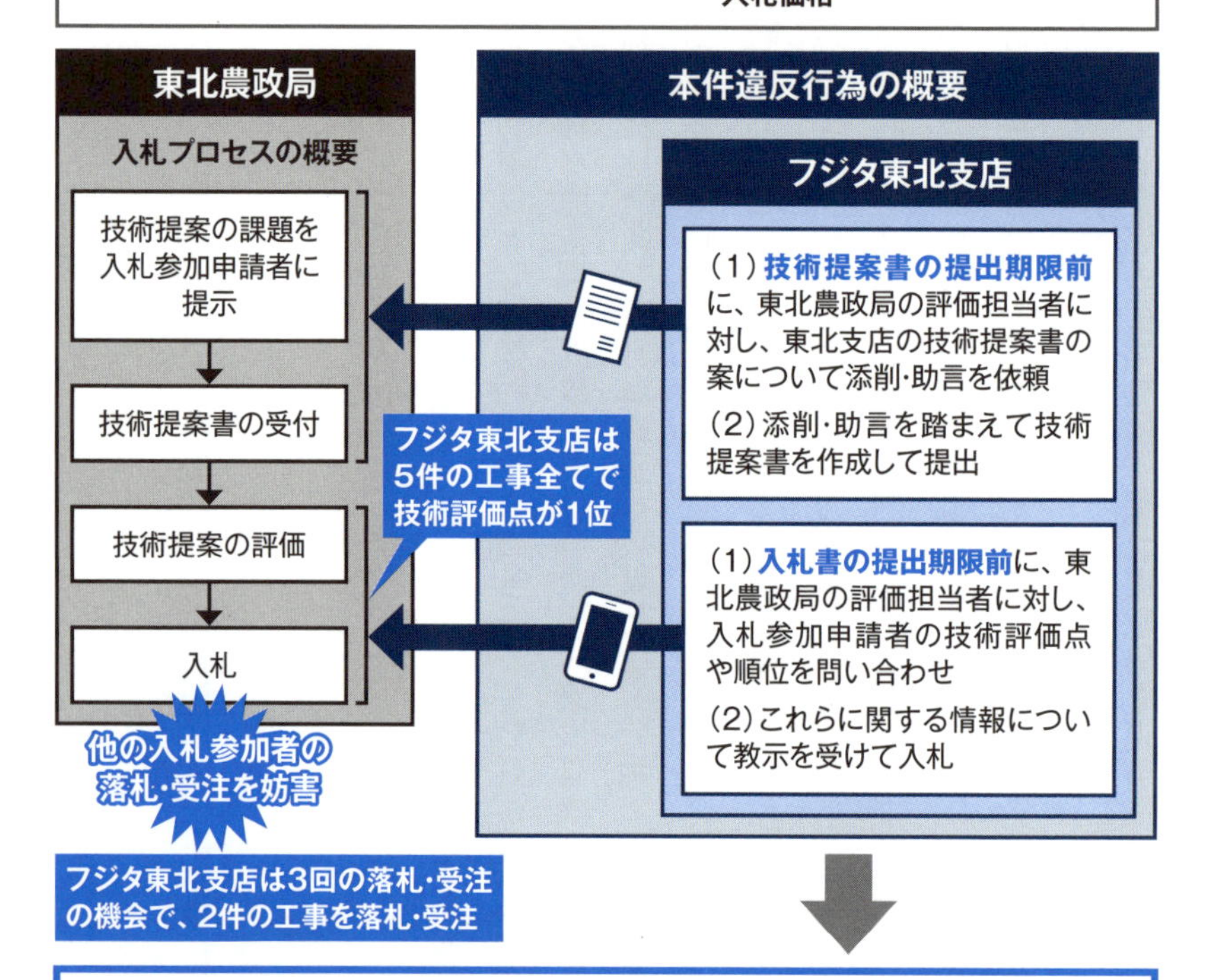


フジタは農林水産省が東北農政局において発注した本件対象工事にかかる取引において、自己と競争関係にある入札参加者である建設会社とその取引の相手方である農林水産省との取引を不当に妨害していた

(出所:公正取引委員会)

就職した従業員から、評価者で、かつ工事技術評価委員会に出席する立場にあった東北農政局土地改良技術事務所の職員に対して、ある依頼をした。技術提案書の提出期限前における、技術提案の内容についての添削や技術提案への助言などだ。

さらに入札書の提出期限前に、入札参加申請者の技術評価点や順位を問い合わせ、これらに関する情報について教示を受け、入札に参加した。結果、同社東北支店は幾つかの工事の落札に成功した。

通常、この種のケースは、刑法の公契約関係競売入札妨害罪、あるいは条件を満たせば官製談合防止法違反罪に問われ得るのであるが、**農林水産省東北農政局事件**では独禁法の不公正な取引方法規制のうち、「取引妨害」と呼ばれる類型で処理された。公取委は本件一連の工事にかかる取引において、同社の行為が自己と競争関係にある入札参加者である建設会社とその取引の相手方である農水省との取引を不当に妨害していたとして、一般指定14項に該当し、独禁法19条、2条9項6号の規定に違反すると認定したのである[12]。

## 取引妨害

「一般指定」とは公取委が発出する告示の1つで、不公正な取引方法の具体的類型を定める（指定する）ものである。特定の産業分野に限定されない一般的な指定であるので、一般指定と呼ばれる。その14項では以下の通り定めている。

12　同委員会は、違反行為は既になくなっているものの、違反行為が自主的に取りやめられたものではないことなどの諸事情を総合的に勘案し、特に排除措置を命ずる必要がある場合（20条2項において準用する7条2項）と認定し、前記の取引妨害行為を既に行っていないことを確認することを取締役会において決議し、この措置を、東北農政局に通知し、かつ、自社の従業員に周知徹底することなどの排除措置命令を行った

自己又は自己が株主若しくは役員である会社と国内において競争関係にある他の事業者とその取引の相手方との取引について、契約の成立の阻止、契約の不履行の誘引その他いかなる方法をもってするかを問わず、その取引を不当に妨害すること。

癒着型の入札不正は確かにこの類型に当てはまる。しかし、刑法の公契約関係競売入札妨害罪や官製談合防止法違反罪ではなく、独禁法を用いたのはなぜか。この事件は、癒着型の入札不正に対する唯一の取引妨害規制の適用事例である。ここで注目すべきは、公取委が本件排除措置命令に併せて、他の建設会社10社に対して、不当な取引制限規制（独禁法3条後段、2条6項）違反につながる恐れがあるものとして注意している点だ[13]。東北農政局が一般競争入札で発注した2016年度までの土木一式工事で、建設会社10社に在籍する東北農政局の元職員が、入札前に、相互に入札参加の意向を確認していた行為が認められたのだ。

公取委は、そのような事情が審査の過程で認められたとしているが、当初は不当な取引制限規制違反での立件を念頭に置いていた、という見立ては可能だ。公取委は（官製）談合事件として関心を抱いたものの、結果的に単独企業の「抜け駆け」型の違反として処理することになり、その落とし所に選ばれたのが一般条項的な性格を有する取引妨害規制だったのではないか。取引妨害規制の行為要件の射程は広く、競争関係にある他の応札者を出し抜いて自らが有利になる行為を認定したのにさしたる障壁はなかろう。発注者による技術提案書の添削や技術評価点の教示などが、応札企業の受注の可能性を高めることに疑いはない。

13　公正取引委員会新聞発表資料「株式会社フジタに対する排除措置命令等について」（2018年6月14日）参照

第3章

# 4 廉売型

## 2つの規定

独禁法19条は「事業者は、不公正な取引方法を用いてはならない」と定め、その定義規定である2条9項に、課徴金の対象となる不公正な取引方法の類型を定めている（1号から5号まで）。不当廉売については3号に定めがある。

> 正当な理由がないのに、商品又は役務をその供給に要する費用を著しく下回る対価で継続して供給することであつて、他の事業者の事業活動を困難にさせるおそれがあるもの

課徴金の対象外となる不公正な取引方法については、2条9項6号柱書きで「前各号に掲げるもののほか、次のいずれかに該当する行為であつて、公正な競争を阻害するおそれがあるもののうち、公正取引委員会が指定するもの」と定め、これを受けた一般指定（2009年公正取引委員会告示第18号）6項は次の通り規定する。

法第2条第9項第3号に該当する行為のほか、不当に商品又は役務を低い対価で供給し、他の事業者の事業活動を困難にさせるおそれがあること。

既に述べたように、不当廉売規制は私的独占の予防規定であるという考え方を前提として、そこでいう競争減殺型の公正競争阻害性についても同様に理解しておく。一般に、公正競争阻害性は、実質的競争制限のそれと比べて程度が軽いもの、あるいは萌芽的段階にあるもの（まで含む）として理解される[14]。なお、反競争的行為の正当化は公正競争阻害性の有無の判断において考慮される[15]が、公共調達分野における廉売行為の正当化については、そもそも実務の積み重ねが乏しい未開拓状態にある[16]ので、以下では考察対象とはしないこととする[17]。

## 出血競争

公共工事分野でしばしば見かけた、需給バランスが崩れたことによるダンピング合戦は独禁法の不当廉売規制の対象か。かつては供給過多の公共工事分野では採算度外視の低価格入札が横行していた。それは従業員や機械などを遊ばせておくよりも使った方がよいという事情や、当面のつなぎ資金の融資を受けるために契約が取れたことの証明を金融機関に提示しなければならないといった事情があるからである。こう

---

14　「一定の取引分野における競争を実質的に制限するものと認められる程度のものである必要はなく、ある程度において公正な自由競争を妨げるものと認められる場合で足りる」（審判審決1953年3月28日審決集4巻119頁）として両者の区分けがなされるのが一般である

15　大阪高判1993年7月30日審決集40巻651頁。エレベータの部品提供と保守業務を抱き合わせたことが独禁法上（旧一般指定10項）問題になった事例で、安全性確保の要請がこれを正当化するかが論点となった

16　不当廉売規制についての基本的考え方、違反行為の捉え方などについては、公正取引委員会の指針「不当廉売に関する独占禁止法上の考え方」（2009年12月）、2017年6月最終改定（https://www.jftc.go.jp/dk/guideline/unyoukijun/futorenbai.html）を参照のこと

いった値崩れ現象は、「出血競争（cut-throat-competition）」と呼ばれている。

しかしこれも不当廉売規制が念頭に置いている私的独占的シナリオでは決してない[18]。このような行為がもたらす競争への影響とは「破滅的競争」のそれであり、他者を排除して市場における支配的地位を獲得、維持、強化しようという独禁法における私的独占規制や不当廉売規制が問題視している反競争効果とは異なるものである。

産業政策としてこのような競争を回避する手段を講じたり、あるいは公共調達の品質維持のために会計法令上の競争ルールを操作したり、といった対処が必要なものかもしれないが、独禁法の射程に入れるべきものかは疑問がある[19]。違反となるシナリオは、有力な企業がある入札において廉売行為をすることで他の企業を活動困難に追い込み、同種の、あるいは当該企業同士が競合する他の入札において自ら（あるいは自らが意図する企業）が有利に立つ状況を作り上げようとするような場合である。公取委は、かつては公共工事の受注に関して不当廉売規制違反の疑いがあるとして警告を行ってきたが、最近は見なくなった。

## 下限価格設定の厳格化

そもそも、公共工事についていえば、価格面と同じか、それ以上に品質面を重視すべきだとする理念をうたう２００５年制定の公共工事品質確保法の存在もあって、現

17　私的独占の予防規定というのであれば、そもそも正当化の問題が生じる余地は少ないといえよう

18　公正取引委員会の対応が警告に止まるのはそういう事情からかもしれない

19　2024年の建設業法改正では、新たな廉売規制が導入された。「建設業者は、自らが保有する低廉な資材を建設工事に用いることができることその他の国土交通省令で定める正当な理由がある場合を除き、その請け負う建設工事を施工するために通常必要と認められる原価に満たない金額を請負代金の額とする請負契約を締結してはならない」と定める19条の3第2項がそれだ。これは独禁法の不当廉売規制と異なり、特定の企業の市場支配を問題にするものではなく、労働者への賃金行き渡りを念頭に置いた、共倒れ的な廉売の防止を目的とするものである

在、ほとんどの公共発注機関において低入札調査基準価格、最低制限価格が設定されている（後者は自治体のみ可能である）[20]。これによって極端なダンピングは回避されている。

法令上、この種の下限価格の設定が可能なのは、一定の条件を満たした「工事又は製造その他についての請負契約」に限定される。公共工事における建設コンサルタント業務もこの枠内として理解されるので、最近では各発注機関が下限価格を厳格に設定するようになってきた[21]。

最低制限価格の設定や低入札調査が徹底される限り、廉売の問題は元請け段階で起こる可能性は少ない。ただ下請け段階では極端な廉売の問題は十分生じ得る。しかし、廉売行為が独占を企図したものでない限り独禁法の関心外なのである。

●低入札価格調査制度と最低制限価格制度

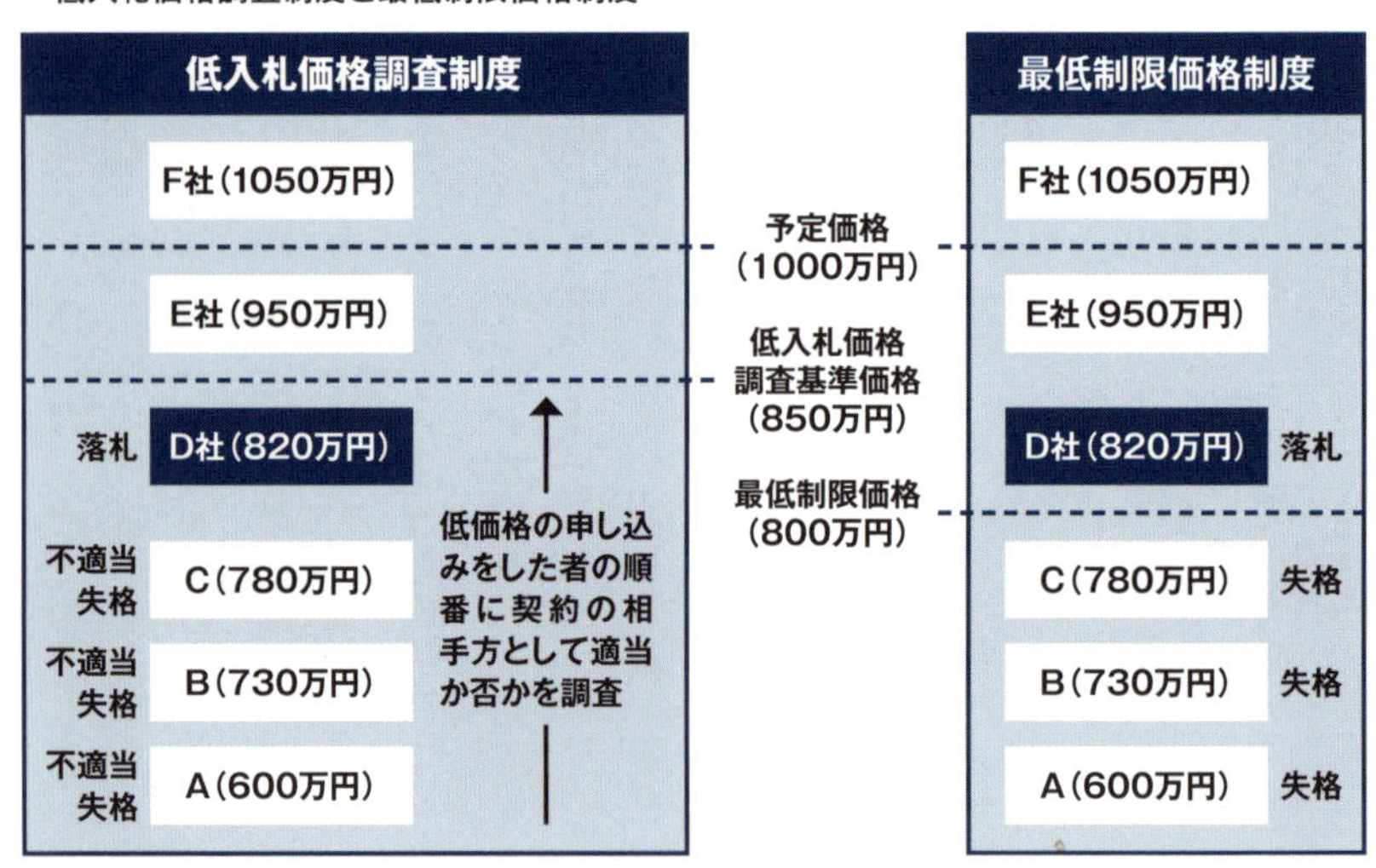


（出所：総務省）

20　会計法29条の6第1項ただし書き、予決令84条以下、地方自治法施行令167条の10
21　その他、例えば、公共事業関連の各種登記業務にも射程が拡大しつつある

参考までに、公共調達分野における廉売行為に対する独禁法の対応について、公取委の考えは、「公共建設工事における不当廉売の考え方」[22]に示されている。次ページに、全文を引用する（一部修正を施してある）。

## 1円入札

公共調達市場では低価格入札がしばしば問題になる。「ダンピング受注」といわれる問題だ。独禁法上、低価格入札は私的独占規制と不当廉売規制の射程に入る。既に述べたように、両者とも同じタイプの反競争性を問題にしている。つまり、廉売行為により他の企業が排除されることで市場における競争減殺が生じることである。

しかし極端な低入札価格が常に独禁法の問題を引き起こす訳ではない。過去に、拉致被害者を日本にチャーター機で送り届ける輸送業務委託、公営火葬場から出る遺灰の処理業務、あるいはオリンピック会場で使用される大会用マットの提供において、極端な低価格受注が見受けられた[23]。このような入札行動は「評判」「名誉」といった見えない価値を追求するものであったり、そもそも受注によって副次的な利益が得られたり、といった費用対効果から合理的と判断されたものに他ならない。公共工事などで「経験を積ませたい」「技術を従業員に身に付けさせたい」といった理由で行われる1円入札も同様である。そういったケースは、仮に当該入札や公募において他の企業の排除につながったとしてもそれは健全な競争

22　公正取引委員会「公共建設工事に係る低価格入札問題への取組について（2008年4月28日）」（https://www.jftc.go.jp/hourei_files/teinyuusatsu.pdf）別添資料
23　各種報道参照

●公共建設工事における不当廉売の考え方

## 1　独禁法が禁止する不当廉売

「正当な理由がないのに商品又は役務をその供給に要する費用を著しく下回る対価で継続して供給し、その他不当に商品又は役務を低い対価で供給すること」（価格要件）により、「他の事業者の事業活動を困難にさせるおそれ」（影響要件）がある場合に、独禁法で禁止する不当廉売に該当する。

## 2　公共建設工事における不当廉売の考え方

公共建設工事の特性に照らし、その不当廉売の考え方を示すと、以下のとおりである。

**（1）公共建設工事における費用構成**

工事原価＝直接工事費＋共通仮設費＋現場管理費
工事価格＝工事原価＋一般管理費等

**（2）公共建設工事の特性を踏まえた考え方**

ア　前記1の価格要件のうち「供給に要する費用」とは、通常、総販売原価と考えられており、公共建設工事においては、「工事原価＋一般管理費」がこれに相当するものと考えられる。また、「供給に要する費用を著しく下回る対価」かどうかについては、落札価格が実行予算（注）上の「工事原価（直接工事費＋共通仮設費＋現場管理費）」を下回る価格であるかどうかがひとつの基準となる。

イ　前記1の影響要件については、安値応札を行っている事業者の市場における地位、安値応札の頻度、安値の程度、波及性、安値応札によって影響を受ける事業者の規模等を個別に考慮し、判断することとなる。

**（注）実行予算**

落札者は、発注者との契約締結後、契約価格（落札価格）を基に、改めてそれぞれの経費について詳細な見積もりを作成する。これは、通常、実行予算と呼ばれており、実際に工事を施工するに当たっては、この実行予算に従うこととなる。

（出所：公正取引委員会の資料を基に筆者が一部修正）

の範囲内として評価され、独禁法の問題にされることはない。

では、次のような例はどうだろう。システム構築などの業務委託を受注して、その後のメンテナンスの業務委託において圧倒的に有利な立場に立つ場合だ。このような、事後の調達活動において有利な立場を形成するための低価格入札はよく見かける。

事後の業務委託が競争入札で実施される場合（最近は随意契約への批判が盛んになり、競争入札に切り替える発注者が多くなった）、最初の入札において極端な低価格で入札し受注することで、後の入札では競争他者が参入できない、対抗できない状態を作り上げることができるかもしれない。しかし、それは廉売しようがしまいがその企業が受注すればそのような結果になる性質のものである（企画競争で受注しても同じである）。システムのメンテナンスは特定の構築されたシステムが前提となっているのであって、発注された段階で既に特定の企業が有利な市場が創出された、と理解できるものである。公共工事分野でも、そのような性質のものがあるかもしれない。しかしこのような行為が独禁法の射程だとしても効率性に基づく排除とそうでないものを振り分けるのは、容易ではない。

# 5 「支配」を通じた競争制限

## 支配型私的独占

私的独占規制には先述した排除型私的独占の他に支配型がある。支配行為とは「他の事業者の事業活動についての自主的な決定をできなくし、自己の意思に従わせる行為」と解されている[24]。この支配行為を通じて、一定の取引分野において競争を実質的に制限することが違反要件となる。

排除型私的独占と異なり、支配型のそれについてはそもそも適用件数自体が少なく、公共調達関連となるともっと少ない。排除型私的独占規制違反として既に触れた**パラマウントベッド事件**が公共調達における唯一の支配型事件の例である。

既に述べたように、パラマウントベッドは発注担当者に自ら有利な仕様を吹き込み、結果、納入企業が発注者に対して納入できるベッドを自社の仕様に限定することに成功した。しかし、それだけでは納入企業間の価格競争を止められない。それはパラマウントベッドが納入企業に販売する際の販売価格の下落を意味することになる。そこで、パラマウントベッドは納入企業に対して入札談合するように持ちかけたのである。納入企業からすれば発注者への

24　菅久修一＝品川武他著「独占禁止法（第5版）」商事法務（2024年）101頁

納入ベッドについてパラマントベッド以外の選択肢は残されておらず、また病院向けの医療用ベッドにおいてパラマウントベッドが非常に強い地位にあったことから、納入企業は談合に応じざるを得なかった。

支配型私的独占規制違反としてのこの事件のポイントは、支配行為の前提として排除行為があったということだ。すなわち官公需のレベルにおいてベッドメーカー間の競い合いがなくなっているという前提があるからこそ支配行為が可能になっている。理屈としては入札談合の仕切り役としてのパラマウントベッドに対して応札企業とともに不当な取引制限規制（3条後段、2条6項）違反を考えることもできようが、支配型私的独占規制違反が選択されたことでその裏返しとして、応札企業は「支配される側」となり違反が構成されなかった。

この事件では入札談合を実施した企業が不当な取引制限とされたのではなく、実施させた方（働きかけた方）が支配型私的独占とされた。事業者性の要件がクリアされれば官製談合事案における発注者側の違反に応用され得るものといえよう[25]。

## 発注者による支配行為

2015年に公正取引委員会が排除措置命令を出した**福井県経済農業協同組合連合会事件**[26]は、純粋には公共調達ではないけれども、農協という公的色彩が強い機関による工事発

25　官製談合事案において発注者は組織として違反を犯したのではなく、あくまでも個人として罪を犯したものだと考えられている。官製談合防止法の存在はその傾向をより強固なものとしたといえる

26　排除措置命令2015年1月16日審決集61巻142頁

● 福井県経済農業協同組合連合会事件の概要

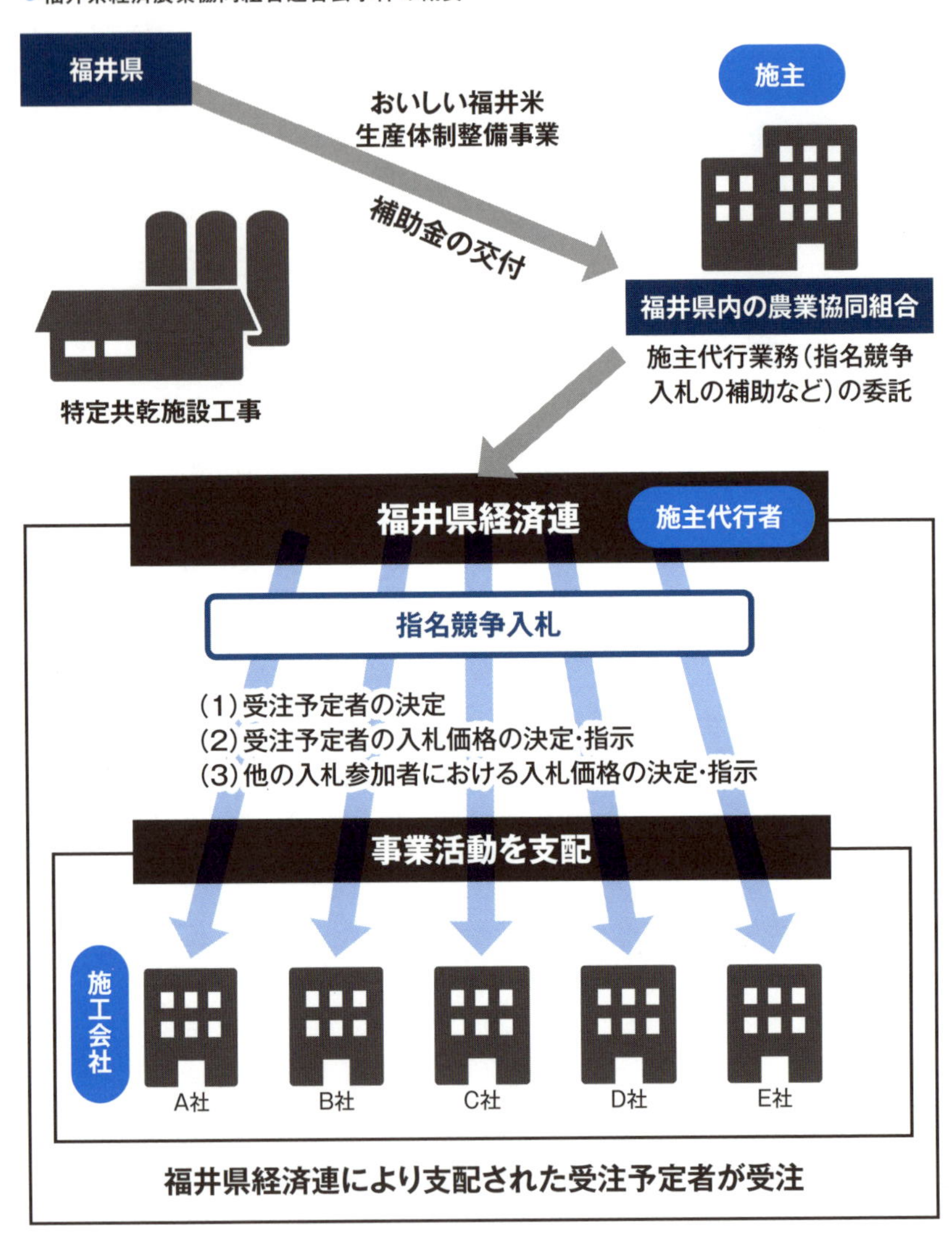


（出所：公正取引委員会）

注が問題になった例である。補助金適正化法の対象となる補助事業であるがゆえに会計法令上の手続きに沿った契約が求められるという意味で、公共性のある調達分野と言えよう。福井県経済農業協同組合連合会（福井県経済連）は、福井県に所在する農業協同組合（単協）を施主として施主代行業務（基本設計の作成、実施設計書の作成または検討、工事の施行、施工管理などの業務）を行う者である。

福井県経済連は特定共乾施設工事の発注業務につき、企業側に対し受注予定者を指定するとともに、受注予定者が受注できるように、入札参加者に入札すべき価格を指示し、当該価格で入札させていた。この行為が支配型私的独占として公取委に摘発されたのである。

施主である単協は、当該工事が福井県の補助事業に基づくがゆえに、原則として、指名競争入札の方法により契約を行わなければならないにもかかわらず、代行業務を行う福井県経済連は適正な入札を実施したかのように体裁を整えつつ、その実、企業間の入札談合を仕切っていたのである。

発注者側は官製市場をコントロールする立場にある。企業側からすれば発注者の意向を無視できず、その意思に自らの意思を従属させざるを得ない立場にあると言えよう。そういった受発注者間の関係に着目した独禁法違反の構成であった[27]。

27　この事件が公共調達の発注者一般に当てはまるかは別途検討の必要がある。というのは、当該経済連はその実態からして事業者であることを認定するのには障壁はなかっただろうからである

# 6 優越的地位乱用

## 似て非なる類型

支配型私的独占規制に「似て非なる」関係にあるのが優越的地位乱用規制である。簡単に言えば、支配型の私的独占はその名の通り「支配による独占」を問題にしており、優越的地位乱用は市場の独占の有無は関係なく個別の取引関係における「地位の乱用」を問題にしている。

筆者は公共工事を受注している建設会社から、「国や自治体などの発注者は我々に対して優越的な地位に立っている。発注者都合で設計変更を要求してくるが金額を上げてくれない。我々は将来の受注の機会を失いたくないのでやむなく受け入れる。これは独禁法違反ではないか」といった質問を何度となく受けてきた。受発注者の片務的関係は以前から指摘されてきた。独禁法2条9項5号を見ると、この条文違反の問題になりそうではある。次ページに、建設業法の類似の規定と併せて条文を掲載する。

しかし、既に述べたように、公共発注機関は自動的に独禁法の違反主体である「事業者」となる訳ではない。むしろ、事業活動の一環として調達活動をしていない限り、公共発注機

●優越的地位乱用規制と地位不当利用規制の条文

| | 条文 |
|---|---|
| 優越的地位乱用規制（独禁法） | 2条9項5号:<br>自己の取引上の地位が相手方に優越していることを利用して、正常な商慣習に照らして不当に、次のいずれかに該当する行為をすること。<br>イ　継続して取引する相手方（新たに継続して取引しようとする相手方を含む。ロにおいて同じ。）に対して、当該取引に係る商品又は役務以外の商品又は役務を購入させること。<br>ロ　継続して取引する相手方に対して、自己のために金銭、役務その他の経済上の利益を提供させること。<br>ハ　取引の相手方からの取引に係る商品の受領を拒み、取引の相手方から取引に係る商品を受領した後当該商品を当該取引の相手方に引き取らせ、取引の相手方に対して取引の対価の支払を遅らせ、若しくはその額を減じ、その他取引の相手方に不利益となるように取引の条件を設定し、若しくは変更し、又は取引を実施すること。 |
| 地位不当利用規制（建設業法） | 19条の3第1項:<br>注文者は、自己の取引上の地位を不当に利用して、その注文した建設工事を施工するために通常必要と認められる原価に満たない金額を請負代金の額とする請負契約を締結してはならない。<br>19条の4:<br>注文者は、請負契約の締結後、自己の取引上の地位を不当に利用して、その注文した建設工事に使用する資材若しくは機械器具又はこれらの購入先を指定し、これらを請負人に購入させて、その利益を害してはならない。 |

（出所:独禁法、建設業法）

関は事業者とは扱われない。従って実際に公共発注機関がいかに立場上優越的地位に立っているとしても独禁法上の問題にはならないのが実情である。

## 建設業法に同種の規定

ただ、興味深いことに、建設業法19条の6第1項は次の通り定めている。

> 建設業者と請負契約を締結した発注者（私的独占の禁止及び公正取引の確保に関する法律（昭和22年法律第54号）第2条第1項に規定する事業者に該当するものを除く。）が第19条の3第1項又は第19条の4の規定に違反した場合において、特に必要があると認めるときは、当該建設業者の許可をした国土交通大臣又は都道府県知事は、当該発注者に対して必要な勧告をすることができる。

これらの条文を合わせて理解するならば、建設業法第19条の3第1項または第19条の4にいう発注者が独禁法上の事業者ではない場合に、19条の6第1項が発動される余地が生じるということである。つまり公共発注機関でかつ事業活動を行っていない前提での調達活動について地位乱用行為が認められた場合には、建設業法の当該規定が適用され得るということである。ただ、これまで1件も適用事例はない[28]。

28　建設業以外にも公共発注機関の地位の不当な利用の可能性はあるので、建設業法だけがこの種の規定を設けていることには確かに違和感がある。業法という性格ゆえの立法といえばその通りではあるが

第3章

# 7 独禁法に違反するとどうなる

## 刑法犯と独禁法違反

次章からは刑法犯である公契約関係競売入札妨害罪や談合罪について解説する。そのため、ここでは刑法犯と独禁法違反との制裁制度を比較する。前章で扱った不当な取引制限規制違反も含めてまとめておこう。

刑法犯と独禁法違反との最も大きな違いは、前者が違反を犯した者に刑罰を科すものであるのに対して、後者は違反を犯した者に刑罰の他に、排除措置命令や課徴金納付命令といった行政処分が実施されるということである（刑事罰の対象でない違反行為もある）。そして行政処分の対象となる違反主体は事業者であり、この事業者は事業活動を行っている者であり、法人のみならず個人（の事業者）も含む。

独禁法違反の行政処分には幾つかのタイプがある。1つは排除措置命令であり、簡単に言えば違反行為をやめさせ、将来の違反を防ぐための措置である。これは違反のタイプを問わず適用される。

もう1つは課徴金納付命令だ。違反行為に関連する売上額に法律で定められた一定率を乗

● 課徴金算出方法と課徴金算定率の一覧表

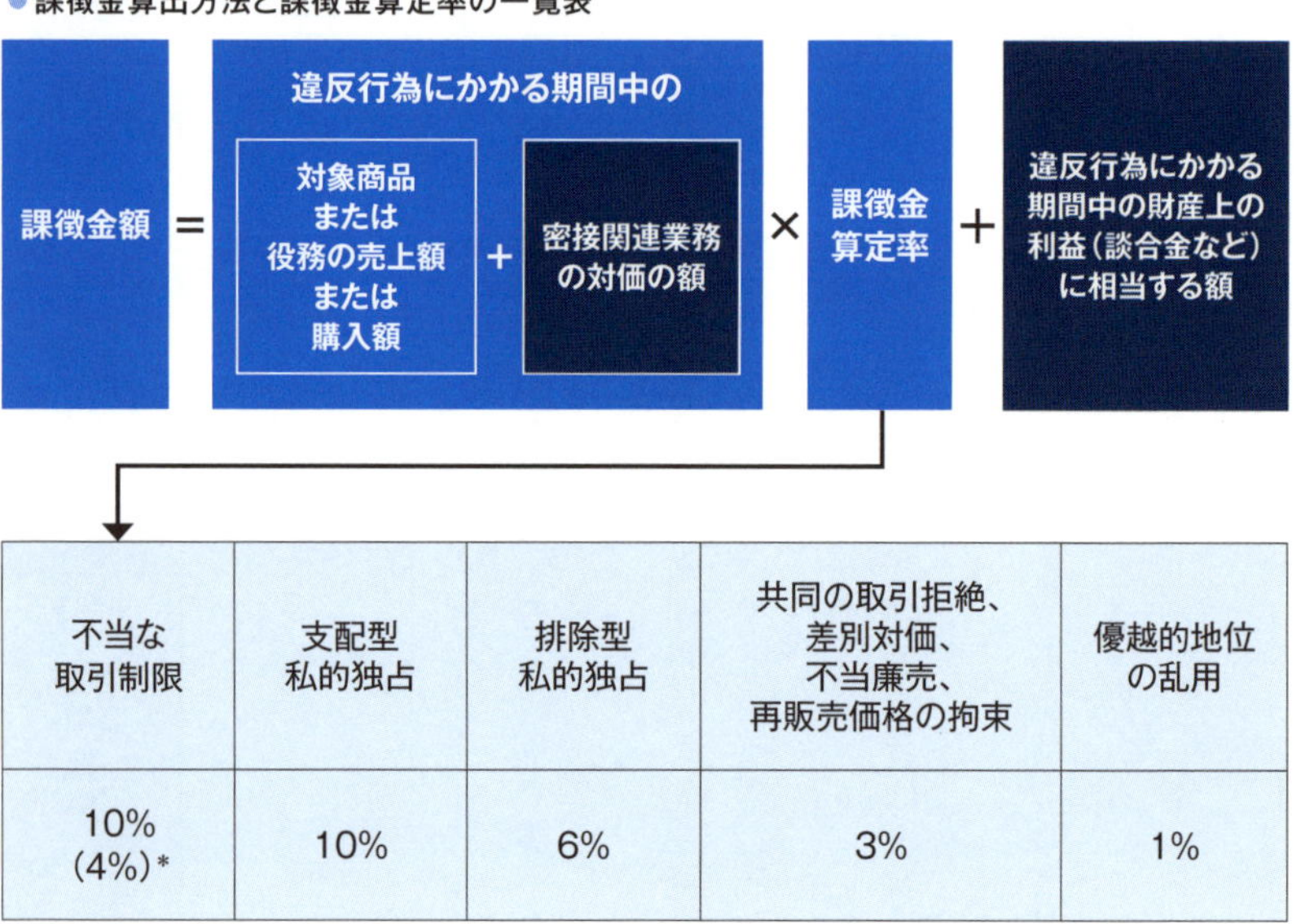


| 不当な取引制限 | 支配型私的独占 | 排除型私的独占 | 共同の取引拒絶、差別対価、不当廉売、再販売価格の拘束 | 優越的地位の乱用 |
|---|---|---|---|---|
| 10%<br>(4%)* | 10% | 6% | 3% | 1% |

*違反事業者及びそのグループ会社が全て中小企業の場合(出所:公正取引委員会)

**29** 個人と法人が必ずセットで罰せられるとは限らない。リニア談合事件では早い段階で違反を認めた大林組と清水建設は法人のみが告発、起訴されたが、違反の有無を争った大成建設と鹿島については法人のみならずその幹部クラスの個人も告発、起訴されている

じることで導かれる金銭の国庫への納付を命じるものである。これは私的独占規制違反、不当な取引制限規制違反の他に、不公正な取引方法の一部類型などを対象とする。ここでいう「一定率」は類型ごとに法律で定めている。また、違反行為の繰り返しに対する加重規定や、首謀者に対する加重規定など、増減の細かいルールが存在する。

課徴金額は、10年を限度とした違反行為に関連する売上額に一定率を乗じる形で導出される。詳細は公正取引委員会のWebサイトなどで確認してもらいたいが、参考として他の違反行為も併せてその一定率の表を掲げておく（前ページの図参照）。

## 刑事制裁と確約手続き

刑事制裁としては違反した個人とその法人との両方が罰せられる（両罰規定）こととなっている[29]。公取委は、以下のような事案においては、積極的に刑事処分を求めて告発を行うとの方針を示している[30]。

ア　一定の取引分野における競争を実質的に制限する価格カルテル、供給量制限カルテル、市場分割協定、入札談合、共同ボイコット、私的独占その他の違反行為であって、国民生活に広範な影響を及ぼすと考えられる悪質かつ重大な事案

イ　違反を反復して行っている事業者・業界、排除措置に従わない事業者等に係る違反

30　独占禁止法違反に対する刑事告発及び犯則事件の調査に関する公正取引委員会の方針（最終改定2020年12月16日）

### 行為のうち、公正取引委員会の行う行政処分によっては独占禁止法の目的が達成できないと考えられる事案

独禁法には違反摘発の容易化と違反抑止効果を狙って課徴金減免制度が存在する。2005年に導入されたこの制度は、カルテルや入札談合の当事者である違反企業が公取委にその事実を申告すれば、その時期と順位に応じて本来であれば命令される課徴金を減免するというものである。**リニア談合事件**や**東京五輪談合事件**でも適用されたので入札不正に関心のある読者の記憶にも新しいであろう。100%免除を受けた企業（調査開始日前に単独で最初に課徴金の免除にかかる事実の報告及び資料の提出を行った企業など）についてはその個人、法人ともに刑事訴追を免除される（公取委の告発の対象外とされる）指針が出されている。

そして2016年の改正によって導入された確約手続きである（施行は2018年）。これは公取委と（違反が疑われる）企業との合意により自主的に問題を解決する手続きであり、事業者側によって作成、提出された改善計画（確約計画）を公取委が認定する形で行われる（認定行為によって当該企業にその内容を実施する法的義務が生じる）。これは単なる行政指導ではなく、行政処分の一種として扱われる。比較的軽微な違反の疑いに対して実施されるものであり、公共入札の不正についてはその公の性格もあるので、不当な取引制限規制違反行為に対してはもちろんのこと、公契約関係競売入札妨害罪の疑いもあった前記、**農林水産省東北農政局事件**のような不公正な取引方法違反のケースも射程外となるだろう[31]。

---

31　公正取引委員会は、①入札談合、受注調整、価格カルテル、数量カルテルなど、②過去10年以内に同一の条項の規定に違反する行為について法的措置を受けたことがある場合、③刑事告発の対象となり得る国民生活に広範な影響を及ぼすと考えられる悪質かつ重大な違反被疑行為については、厳正に対処する必要があるため、確約手続きの対象としないとしている（https://www.jftc.go.jp/dk/guideline/unyoukijun/kakuyakutaiouhoushin.html）

## 独禁法上の告発

独禁法違反のうち私的独占規制違反と不当な取引制限規制違反（及び事業者団体規制の一部の類型）については刑事制裁も用意されているが、そのうち、私的独占規制違反に対しては過去に適用事例はない。ただ、先に見た告発方針においては、私的独占規制違反も射程にしているので、今後の実務に注目したい。

独禁法96条1項は「第89条から第91条までの罪は、公正取引委員会の告発を待つて、これを論ずる」と定めており、検察は公取委の告発がなければ起訴できないことになっている。また74条3項「告発に係る事件について公訴を提起しない処分をしたときは、検事総長は、遅滞なく、法務大臣を経由して、その旨及びその理由を、文書をもつて内閣総理大臣に報告しなければならない」と定めていることから、告発の意味は重く、検察はそう簡単には不起訴にはできない仕組みになっている。

実際には公取委や検察当局が事前に入念なすり合わせを行ってから告発するので、多くのケースでそのまま起訴されている。告発（すなわちイコール起訴）は1年間に1件あるかないかであり、入札不正（ここでは例外なく、不当な取引制限規制違反である入札談合）はその一部（ざっくりといえば半数）である。入札不正のほとんどの事件では、第4章で述べる刑法犯として処理されているのである。

独禁法が刑法犯と大きく異なるもう1つの点は、独禁法の制裁は違反行為者個人に対して

● 法定刑に関する条文1

| | |
|---|---|
| 独禁法<br>89条 | 次の各号のいずれかに該当するものは、5年以下の懲役又は500万円以下の罰金に処する。<br>一　第3条の規定に違反して私的独占又は不当な取引制限をした者<br>二　第8条第1号の規定に違反して一定の取引分野における競争を実質的に制限したもの<br>②　前項の未遂罪は、罰する。 |
| 独禁法<br>95条 | 法人の代表者又は法人若しくは人の代理人、使用人その他の従業者が、その法人又は人の業務又は財産に関して、次の各号に掲げる規定の違反行為をしたときは、行為者を罰するほか、その法人又は人に対しても、当該各号に定める罰金刑を科する。<br>一　第89条　5億円以下の罰金刑　（中略）<br>②　法人でない団体の代表者、管理人、代理人、使用人その他の従業者がその団体の業務又は財産に関して、次の各号に掲げる規定の違反行為をしたときは、行為者を罰するほか、その団体に対しても、当該各号に定める罰金刑を科する。<br>一　第89条　5億円以下の罰金刑　（以下略） |
| 独禁法<br>95条の2 | 第95条の2　第89条第1項第1号、第90条第1号若しくは第3号又は第91条の違反があつた場合においては、その違反の計画を知り、その防止に必要な措置を講ぜず、又はその違反行為を知り、その是正に必要な措置を講じなかつた当該法人（第90条第1号又は第3号の違反があつた場合における当該法人で事業者団体に該当するものを除く。）の代表者に対しても、各本条の罰金刑を科する。 |

（出所：独禁法）

のみならず、その個人が属している法人に対しても科され得ることである。これを個人と法人両方に刑事罰が科されることから「両罰規定」と呼ぶ。また、場合によっては法人の代表者にも刑事制裁が適用され得る規定も用意されている（これを「3罰規定」という）。両罰規定は独禁法の刑事事件では例外なく適用されるが、3罰規定が適用されたことは過去に存在しない。

法定刑、すなわち法律が定める量刑の範囲は前ページの図を参照してほしい。

参考として、次章以降で解説する刑法犯としての公契約関係競売入札妨害罪、談合罪、そして官製談合防止法の各々について、関連する条文も挙げておこう（下の図参照）。独禁法違反の罪が最も重いことが分かる[32]。

● 法定刑に関する条文2

| | |
|---|---|
| 刑法96条の6第1項（公契約関係競売入札妨害罪） | 偽計又は威力を用いて、公の競売又は入札で契約を締結するためのものの公正を害すべき行為をした者は、3年以下の懲役若しくは250万円以下の罰金に処し、又はこれを併科する。 |
| 刑法96条の6第2項（談合罪） | 公正な価格を害し又は不正な利益を得る目的で、談合した者も、前項と同様とする。 |
| 官製談合防止法8条 | 職員が、その所属する国等が入札等により行う売買、貸借、請負その他の契約の締結に関し、その職務に反し、事業者その他の者に談合を唆すこと、事業者その他の者に予定価格その他の入札等に関する秘密を教示すること又はその他の方法により、当該入札等の公正を害すべき行為を行ったときは、5年以下の懲役又は250万円以下の罰金に処する。 |

（出所：刑法、官製談合防止法）

32　ここからも独禁法違反は他の入札犯罪と比べて「一定の広がり」を要求するものであるという理解が導かれるが、1回の入札であってもその規模は様々であるので、回数だけの問題にすべきではない、という反応は確かにもっともではある

第4章

# 入札妨害罪

# 膨張する入札における不公正

# 1 多発する入札妨害

## 独禁法で扱われる場面は少ない

公契約関係競売入札妨害罪。刑法96条の6第1項に定められるこの犯罪はかつては、競売入札妨害罪（旧96条の3第1項）と呼ばれていた。2011年の刑法改正で、旧強制執行における売却手続きに関する妨害行為についての罪が独立した条文（96条の4）で定められることになり、残った公共契約における妨害行為が新設された96条の6第1項の対象となった。

入札不正と言うと入札談合が想起されやすいが、最近、目立ってきたのが入札談合以外の入札不正だ。具体的には、特定の企業が秘密にすべき入札情報を発注者から不当に入手したり、あるいは発注者に不当に働きかけてライバル企業が応募、応札できないような入札参加資格に仕立てたりして、自社を不当に有利にしようとする行為である。これは複数の企業が結託して受注者（「チャンピオン」と呼ばれることがある）や受注の順番を決めたり、チャンピオン企業の受注価格と協力会社の応札価格を決めたりする入札談合と異なる。抜け駆け的な入札不正の類型である。このタイプの不正は独禁法の不当な取引制限規制違反（第2章参照）や後に見る談合罪（第5章参照）の射程外であり、独禁法でいえば、これまでに触れてきた、私的独占規制違反（**パラマウントベッド事件**）、あるいは不公正な取引方法規制の一類型である取引妨害規制違反（**農林水産省東北農政局事件**）の対象として扱われるものである（第3章参照）。

しかし、非談合型の入札不正が独禁法違反として扱われるのは珍しく、もっぱら公契約関係競売入札妨害罪がこれを扱っている。

抜け駆け的な入札妨害は贈収賄事件に発展しやすく、都道府県警や検察がその「入り口事件」として入札妨害をまずは立件するというスタイルが一般化している。後に見るように、公契約関係競売入札妨害罪の構成要件である「公正を害すべき」の射程は広く、秘密にすべき情報の漏洩という事実に関する証拠が得られれば、多くの場合入札妨害での有罪を勝ち取れるという安心感もあるのだろう。警察や検察にとっては非常に「使い勝手のよい」犯罪類型となっている（贈収賄事件での立件に失敗しても、入札妨害事件としては保険がかかっている状態になっている）。「入札妨害の容疑で聴取を受けつつも、実際に警察に聞かれる内容の多くが賄賂に関わるものである」といった関係者からよく聞く発言は、立件の入り口の段階で既に（有罪という）決着は付いているという事情をよく表している。

## 情報漏洩のケースが多い

ここ最近でよく報道される入札妨害は、自治体の公共工事などで設定される最低制限価格の漏洩、あるいはそれを推測させる予定価格の漏洩である。予定価格の漏洩は入札談合を容易にする効果もあるが、最近ではあまり聞かなくなった[1]。一方で、入札談合のほう助ではなく特定の企業を有利にする抜け駆け型の入札不正のための情報漏洩のケースが目立つようになった。後に見る官製談合防止法違反罪での立件も含めて2020年以降の事件を検索しても、**和歌山県紀美野町発注の橋の修繕工事、東京都府中市発注の公園拡張整備工事、新潟市発注の公園管理委託業務、秋田県発注の道路改築工事、沖縄県竹富町発注の水道施設整備事業、千代田区発注の区立小学校改築工事**など枚挙にいとまがない[2]。

だからといって入札談合が根絶されたことにはならない。入札談合はここ最近でも独禁法違反事件、談合罪の事件ともに一定数立件されている。ただ、重要な事実は、入札談合がなくなったとしても入札不正がなくなる訳ではないということだ。入札談合は企業間で競争しないことを約束するものであって、それができなくなったということは競争の激化を意味する。競争が激しくなれば自分だけが有利になろうと抜け駆けする動機を高めることになり、それが入札手続きを逸脱する形で実施されれば、公契約関係競売入札妨害罪の問題を生じさせ、発注者職員が関与すれば官製談合防止法違反の問題が生じるのである（ここで「官製談合」という言葉に注意したい。官製談合防止法は企業間の談合に発注者職員が関与した場合のみならず、発注者職員による公契約関係競売入札妨害罪該当行為が広く射程となっている）。

---

1　最近の例でいえば、ある市の副市長が国の災害査定に際し、「談合を行っている可能性のある業界団体の長に概ねの査定決定額等を伝えることが、談合の助長になるおそれは否定できない」と認定されたケースがある（宮崎地判2022年11月2日（2021年（わ）第16号等））。査定決定額は予定価格に近似するといわれている

2　各種新聞検索サイトより

# 2 膨張する「公正」概念

## 国循事件の入札不正

犯罪を構成する要件に「公正」という言葉が用いられている刑法典上の犯罪は、公正証書に関連する犯罪の他は、公契約関係競売入札妨害罪と前々条の強制執行関係売却妨害罪のみである。公正は正義とも言い換えられる。この抽象的で広がりのある言葉の意味するところは何なのだろうか。競争入札の手続きを逸脱すれば、例外なくそれは「公正を害すべき行為」なのか、あるいはここでの「公正」は競争入札の競争性のような他の単語に置き換えられ得るものなのか。この問題を考える上である刑事事件が重要な材料を提供する[3]。

大阪高裁で2019年7月、**国立循環器病研究センター（国循）発注の情報システム・メンテナンス業務の契約で発生した入札不正事件（国循事件）**の判決が下された[4]。国循の幹部が刑法における公契約関係競売入札妨害罪と、官製談合防止法違反に問われた[5]この事件の最大の焦点は、入札などの「公正を害すべき」行為の有無であった[6]。大阪高裁は、同幹部の行為が「公正を害すべき」行為に該当し、これら犯

3　この章の記述は、著者が過去に発表した論文（楠茂樹「公共入札関連犯罪における公正阻害要件について」、齊藤真紀他編著「川濵昇先生・前田雅弘先生・洲崎博史先生・北村雅史先生還暦記念：企業と法をめぐる現代的課題」商事法務（2021年））における記述をベースとしていることをあらかじめ断っておく

4　大阪高判2019年7月30日2018年（う）第421号

5　そのほか、高度専門医療に関する研究等を行う国立研究開発法人に関する法律違反罪でも併せて起訴された

6　公契約関係競売入札妨害罪においては「公の競売又は入札で契約を締結するためのものの公正を害すべき行為」と規定され、官製談合防止法違反罪における「入札等の公正を害すべき行為」にいう「入札等」は、「入札、競り売りその他競争により相手方を選定する方法」（2条4項）と定義されており、ほぼ同内容の構成要件となっている

罪を構成するとして、懲役1年（執行猶予3年）の刑に処するとした。

そもそも両罪における「公正」解釈の起点たる法益理解（そもそもどのような利益を法的に守るのか）とはどのようなものなのだろうか（以下、この要件を「公正阻害（性）」と表現することがある）。結論から言うと、大阪高裁は国循事件に対して過去の裁判例の説明として一定の支持を得て、多くの学説が根拠にしていると考えられる競争侵害説（競争それ自体を法益と考え、競争制限を法益侵害と理解する）に立ちながら、公正阻害要件の充足を肯定した。

## 「公正」と「競争」

刑法96条の6第1項に規定される公契

大阪府吹田市にある国立循環器病研究センターの外観（写真:photolibrary）

約関係競売入札妨害罪は、同２項の談合罪と並んで、公共契約における競争的契約者選定手法である刑法典上の犯罪類型である。独禁法上の幾つかの規定に抵触すると考えられるものでもある。入札における「公正」の意味が「競争」との関連においてどのように捉えられるのかが、この犯罪の射程を決する[7]。

では**国循事件**の判決は、この設問に対してどのような回答を示したのか。それを理解することが、公共契約に関係する者にとってコンプライアンスの重要なガイダンスとなる。同事件では、高度な医療と専門的研究を行う国立研究開発法人において行われた情報システムの業務委託契約において、医療情報部長の職にあったシステムの運用責任者が、偽計による公契約関係競売入札妨害罪、官製談合防止法違反罪などに該当する行為を実施したとして、起訴された。

事件の舞台は国循全職員が利用し、電子メールやＷｅｂサイト閲覧などの機能が利用できる情報ネットワークシステムの運用・保守業務委託だ。検察側の主張によれば、国循の当該部長は以下の３つの行為を行った。

（１）一般競争入札により行う契約の締結に関し、前年度の同種業務を請け負っている既存の受注者の当該競争入札にかかる入札金額の積算根拠となる非公表情報をダンテックに内報して入札させようと企てた、（２）翌年度の情報ネットワークシステムの運用・保守業務委託の一般競争入札による契約の締結に関し、ダンテックと共謀の上、他の企業の当該入札への参入が困難になり得る条項を盛り込むなどして仕様書を作成した、（３）同年度の情報

7　この事件では官製談合防止法違反罪も同時に問われており、同罪と公契約関係競売入札妨害罪とがどのような関係にあるかは、本来詰めて考えられるべきポイントである

ネットワークシステムの運用・保守業務委託の企画競争による契約の締結に関し、ダンテックと共謀の上、ダンテックによる受注を承諾していた他の企業を同競争に参加させ高値で応札させるなどした。

大阪地裁は検察側の主張する事実をほぼ認め、これらの行為が公契約関係競売入札妨害罪や官製談合防止法違反罪などに該当するとして、同部長に懲役2年、執行猶予4年の判決を言い渡した[8]。

（1）は主として事実の存在についてのものだったが、（2）と（3）はその法的評価、すなわちこれらの行為が果たして「公正を害すべき」行為に当たるのか否かが問われた。

（2）については、仕様書の条項の設定が、①ダンテックにとって当該入札を有利にし、または、他の企業にとって当該入札を不利にする目的で、②現にそのような効果を生じさせ得る仕様書の条項が作成されたのであれば、③当該条項が調達の目的達成に不可欠であるという事情のない限り、入札などが公正に行われていることに対し、客観的に疑問を抱かせる行為ないしその公正に正当でない影響を与える行為（すなわち入札などの公正を害すべき行為）に当たるとした。

特に（3）については、いわゆるダミー応札企業に落札意思がないことを被告人が知りつつ企画競争に参加させ、作成すべき企画提案書の作成について意中のダンテックに対して指導助言を行った事実があるとして、入札の公正を害すべき行為が認められるとした。弁護側は裁判所の事実認識、法的評価に誤りがあるとして、即日控訴した。

---

8　大阪地判2018年3月16日（2014年（わ）第5241号）

## 競争は危機にさらされているか

控訴審で弁護側が重視したのは、競争への実質的な危険発生の有無である。

（2）については、ダンテック以外の参入が相当程度困難となる仕様の設定が違法になるのは、設定した仕様がもたらす競争の制約が調達目的の効果的実現に見合う合理性・必要性に基礎付けられていない場合であって、ダンテックを有利に、他の企業を不利にする目的という主観面にかかる事実が存在するからといって、「不可欠」（「最小限」を意味すると考えられる）という合理的調達の要請を無視した判断基準を持ち出してくるのは妥当ではない、と主張した。

（3）については、1者応札を中止にするような特別のルールがない以上、1者応札が予想される場合のダミー応札は競争への影響の危険度は皆無であるか、（無視できるほど）軽微なものにとどまると主張した。

大阪高裁は原審を破棄したものの、弁護側が主張した（2）（3）について犯罪が成り立たないという主張を退け、懲役や執行猶予の期間を軽減するにとどめた。

（2）については、判決では「公契約においても、入札担当者などが、入札によって、より高度でより良いものの獲得を目指し、それを可能にする仕様書の条項を設定することは当然許容されるものと解される。しかし、競争入札として行われる以上、そのような中でも不必要な参入障壁を設けないよう注意し、可能な限り自由な競争を確保することが求められる」という前置きに続いて、以下の通り述べた。

それにもかかわらず、特定の業者を有利にする目的で、他の業者の参入障壁となる条項を設定したり、特定の業者を殊更に排除する目的で、当該業者の参入障壁となる条項を設定したりすることは、本来は可能である自由な競争を殊更に阻害するものであるから違法であり、職務違背に当たることも明白で入札等の公正を害すべき行為に当たる。

その上で、「目的達成に不可欠であるという事情」については「調達目的に不可欠であるなどの社会的相当性がある場合には違法性が阻却されることを明示したもの」と解し、原審の判断が妥当であると判断した。

(3)については、落札意思のない企業を参加させ受注しないように合意した行為を「談合」と評価し、「談合が入札等の公正の対極にある事象であって、発注者の職員が、このような談合の存在を知りつつ、それを助長する行為は、偽計として、入札等の公正を害すべき行為に当たる」と述べ、「談合なるもの」を偽計の方法でけしかけたのだから、被告人である部長には公契約関係競売入札妨害罪などが成立するというロジックを展開した。

1者応札を回避し競争の体裁を繕うためという事情、言い換えればそもそも競争がないところに競争の侵害という法益侵害(の危険)が認められるのか、という主張に対して判決では、「当初の入札希望者が1者のみで、実質的には自由競争が形骸化していて、発注者や入札希望者自身が『お付き合い入札』の業者の参加をおぜん立てしたという事情があった」場合でも当てはまるものとした。その理由は次の通り説明されている。

> 自由な競争は、物理的心理的障壁のないところで初めて確保されるものであって、発注者側が談合に手を貸す行為は、入札等の公正さに対する公衆の信頼を損ない、入札に参加しようとする者の参加意思を削ぐことが明らかであるから、自由競争の原理を実質的に損なうものとして、偽計に当たる。

> たとえ、元から自由競争が形骸化していたのだとしても、お付き合い入札の業者を参加させてあたかも自由な競争が成立しているかに装うことは、他の入札においても同様のことが行われる場合が多く、自由な競争は見せかけのものにすぎないとの印象を一般に与え、入札等の公正さに対する公衆の信頼を大きく損なうもので、自由競争の原理に対する具体的危険の発生を肯定できる。

ただ大阪高裁は、量刑について減刑が妥当であるとの判断を下した。理由は以下の通りだ。「各犯行は、いずれも入札等の公正さに対する公の信頼を揺るがすものであり、そうした意味において公契約関係競売入札妨害罪の保護法益である入札制度の自由な競争確保の原理を実質的に損なったとはいえるものの、予定価格の内報のように、落札価格の高止まりを招来し、発注者の利益を損なう行為ではない」（仕様設定については「現実に競争に与えた影響は限定的である」とし、ダミー応札については「現実的な競争への影響はない」とした）。

## 入札で保護されるべき公正を定義する3つの説

職務違背を要件とする官製談合防止法違反罪と威力や偽計を要件とする公契約関係競売等妨害罪とでは、当然ながらその射程が完全に一致しない[9]。ただし、ここでは入札などの「公正を害すべき行為」の理解については同じものとして扱う。**国循事件**においてもその理解については争われていない。

なお、これより後に両罪の成否が問われた**宮崎県日南市発注の災害復旧工事を巡る情報漏洩事件**の2022年の地裁判決では、「刑法96条の6第1項の『公正を害すべき行為』と官製談合防止法8条の『公正を害すべき行為』とは、基本的には同義であ（る）」と判示されている[10]。この事件では、日南市の前副市長が市道災害復旧工事の一般競争入札で、地元の建設業協会会長に対して工事の査定額といった非公開の入札情報を漏洩したことなどが罪に問われた。被告人である前副市長は工事の査定額は事前公表される予定価格とほぼ一致することから、この金額の伝達は官製談合防止法などで禁じられている秘密の漏洩には当たらないなどと主張していた。

では入札において保護されるべき公正とは何か。これには幾つかの説が存在する。

9 官製談合防止法違反罪が公的機関職員による職務違反を要件としていること、その法定刑の重さに背任的要素が込められていることといった事情から、官製談合防止法の方が、法定刑が重くなっている
10 宮崎地判2022年11月10日（2021年（わ）第16号等）

第1に、公務としての競売や入札の公正で円滑な執行を保護しているという見解（公務侵害説）がある。入札の実施は公務として行われるものであるから、その公務性を帯びる手続き自体が保護されるべきという考えである。単なる手続き違反にとどまり、競争への影響もなく、発注者の利益に反しない場合でも、公務の妨害として犯罪が成立する可能性がある。最も違反を構成しやすい説といえる。

第2に、競売入札制度を利用する側の主体（典型的には競争入札制度を利用する国や自治体）の具体的な経済的利益を保護するものであるという見解（施行者等利益侵害説）である。これは入札を実施する理由が税金の有効な利用のためだというのであれば、目指すところの経済的な利益こそが保護に値するものだという理解である。手続きで違背があっても、競争が制限されたとしても、発注者の利益にかなうならば犯罪の構成を否定するロジックとなる。

そして第3が、自由な価格形成を担保するための「競

●「入札において保護すべき公正」の3つの説

**(1) 公務侵害説**
公務として実施される入札の手続き自体が保護されるべきだとする考え

**(2) 施行者等利益侵害説**
入札実施の理由は税金の有効利用にあるとして、経済的な利益が保護に値するという考え

**(3) 競争侵害説**
入札の特徴が競争にあるとして、競争それ自体が保護の対象になるという考え

（出所：筆者）

争制度」として理解する考え方（競争侵害説）である。入札の特徴は競争にあるのだから、競争それ自体が保護の対象になるという訳である。判例は様々であるが、競争侵害説を軸に理解しようとする立場が強く、学説上も支持される傾向がある。

このうち、競争侵害説については侵害される競争が自由な価格形成と表現されているが、競争の在り方は最低価格を競うものばかりではない。総合評価や企画競争といった落札方式もあり、また実態としては、下限価格の予測への接近を競うタイプのものもある。学説が「価格」にこだわってきたのは「支出の最小化」が立法における狙いだったという背景を意識してかもしれないが、公共契約に要請される経済性は価格要素に限定されるものではないし、契約方式の多様化が進む中、価格に拘泥するのは現実的でない。「落札者決定にかかる諸条件の自由な競争による形成」と言い換えるべきである[11]。**国循事件**の大阪高裁判決は明確に、「公契約関係競売入札妨害罪の保護法益である入札制度の自由な競争確保の原理」と述べている。

## 問われる「競争」像

問われているのは「競争」像であるが、公共入札関連の犯罪を考えるとき、問題の対象が「公共」の入札であるという点を失念してはならない。公共契約にかかる契約者選定に対して競争的手法のフレームワークを会計法令が提供していることとの関連で、公正阻害として

11　競売入札妨害罪（刑法旧96条の3第1項）は公共契約における競争的契約者選定手法を広く射程としてきた（最決1962年2月9日刑集16巻2号54頁、最判1958年4月25日民集12巻6号1180頁）

の競争侵害をどう捉えるかが課題となっている。そこでいう競争とは官製市場におけるものであって、必要に応じて競争の開閉を含めその形を変えることを会計法令は発注者に要請し、あるいは許容している。競争は手段であって目的ではない。会計法令は公的財源の有効利用に向けた発注機関への規律を企図するものであり、公共契約にかかる行政法上の規範を無視した刑法上の評価は、場合によっては希少な財源の有効利用よりも、競争という形式の方が重要という「暴論」を導きかねない。

競争侵害説に立つとするならば、この犯罪類型が競争を法益とするのは、発注機関が入札を実施する際にそこで用いられる手続きとしての競争に有効な財政支出のための手段としての有用性を見いだしているからであり、それは会計法令の要請の下にあることから説明可能となるのである[12]。

発注機関が自らの目標を効果的に実現するために企図した競争のルールは、必然的に一定の競争の制約を伴う。競争の制約は競争を有効にするために実施されるものである。この競争の有効化（機能化といってもよい）は罰せられるどころか、むしろ保護されるべきものである。「自由」をやみくもに絶対視すれば憲法が破綻するように、「競争」をやみくもに絶対視すれば公共契約は破綻してしまう。

害されてはならない入札の公正が入札手続きにおける競争の機能であるならば、そこでいう競争の守り方はやみくもな競争の維持ではなく、競争の機能を侵害することの排除にある。「公正を害すべき」と表現された行為が、守るべき競争の機能を侵害する危険をもたらす「類

12　談合罪についていえば、大津判決（大津地判1968年8月27日下刑集10巻8号866頁）に代表されるかつての下級審判決が、歴史的にはそういった信頼が欠如していたことをよく表しているだろう

型」として刑法典が定めたものであるということだ。しかし、その犯罪のコアが「公正」という（極論すれば無定義な）規範的な概念で構成されているところに悩ましさがある。

## 毀損の対象

競争原理が侵害される具体的危険が生じているということは、落札条件の競争的形成機能が現実的にゆがめられようとしていることを意味する。発注者側が**国循事件**の高裁判決でいう「談合」に手を貸す行為は、当該入札における他の企業の「物理的心理的障壁」を形成するものでは必ずしもない。仮に2者以上の応札という体裁で「物理的心理的障壁」が生じるとしても、その後の入札においてである。

またダミー応札の働きかけが「入札に参加しようとする者の参加意思を削ぐ」のは明らかなのだろうか。構造的に1者応札は避けられないが、随意契約の理由が立たないといったケースにおいては、ダミー応札が実施されようがされまいが、受注企業以外の企業には参入のインセンティブが希薄な事実に変わりはない。公衆があずかり知らぬところに「偽計」を見いだすことは可能であるが、そのことがストレートに、個別入札における競争機能の不全を導くものではない。極めて潜在的なレベルにとどまるものである[13]。

確実なのは、「入札等の公正さに対する公衆の信頼」を毀損することにはなる、ということだ。しかし、これだけでは「自由競争の原理を実質的に損なう」[14]とまでは言い切れない。

13　ここでこれらの罪の危険犯の性格が関わってくるのかもしれないが、ここではそういう問題意識があり得ることを指摘するにとどめておこう
14　判決の「自由競争の原理を実質的に損なうものとして、偽計に当たる」との表現には違和感がある

「自由な競争は見せかけのものにすぎないとの印象を一般に与え、入札等の公正さに対する公衆の信頼を大きく損なう」ことに「自由競争の原理に対する具体的危険の発生」を見るのであれば、それは自由競争の原理に対する「公衆の信頼」への具体的危険の発生なのであって、競争原理それ自体に対してではない。競争原理を毀損する具体的危険につながるかどうかは、当該発注機関が今後どのような発注方式を採用するかどうかに依存するのであって、公衆の信頼の毀損される段階では個別入札における自由競争原理の侵害との間には少なくない距離がある[15]。

本判決は、「自由競争（の原理）」という言葉を使い続けているが、当該制度の運用が内部的、外部的に説明されている事実を反映した形で実施されているという「形式と実質の一致」で形成されるだろう「公衆の信頼」が侵害される具体的危険を「自由競争（の原理）」に対する具体的危険」として捉えている。そして、あたかも競争という「制度それ自体の毀損」のように表現していると、理解すべきだろう。確かにそれならば「具体的危険」を表現しやすいが、しかしそこには「言葉の地滑り」はないか。

信頼の主体は「公衆」である。これはどちらかといえば法益の理解から公務侵害説によくなじむものではないだろうか。しかしそれは競争の機能に法益を見いだす競争侵害説の枠組みを超えてしまっているように見える[16]。それは言い換えれば、競争侵害説を前提にした問題設定自体をキャンセルするようなものではないだろうか。例えるなら、ゴールを最初に設置していた場所から移動して、そこにシュートを放つようなものだ。

15　ここで独禁法の効果要件が捉える反競争性との比較の興味が湧く
16　「公務の執行を妨害する罪」（刑法第2編第5章）の1つである公契約関係競売入札妨害罪の「原点回帰」として理解されるものなのかもしれない

## 刑法の大原則は明確性

刑法の大原則はその内容が明確であることだ。日本国憲法が定める罪刑法定主義（31条他）とは刑罰が法律で定められていればそれで足りるものではなく、その内容が明確であることが求められている。予測可能でない法律は機能しない。会計法や地方自治法が要請する競争入札手続きなのだから、その法益は「競争」それ自体であるという理解は分かりやすく、かつコンセンサスが得られやすい。独禁法の価値観とも整合性が取れている。もちろん、刑法は独自の考え方があるのであって、法定刑の違いからも別途の理解も可能である。公務執行妨害としての性格を強調するならば、競争入札手続きにおける「競争」ではなく「手続き」の方に法益があるのだという理解も可能である。そうすると公務侵害説に近づく。ただ、競争侵害説ならば手続き違背の中の絞り込みが可能であるが、公務侵害説の場合はどの段階で違反が成り立つのかの境界が曖昧で、広く捉えればあらゆる手続き違背が刑法犯になってしまう。

公務侵害説から見れば絞り込まれているが、競争侵害説から見ればその射程が拡大している。受発注者はこの射程の変化に細心の注意を払う必要がある。コンプライアンス上、決して無視できないポイントである。「半ば公然」に放任されてきた「競争という体裁を整える行為」は、令和の今、列記とした犯罪と考えた方がよい。

# 3 「公」の「入札」の射程

## 随意契約は射程内か？

一般競争入札は競争的で指名競争入札は非競争的であると、しばしば誤解される。実は法令上、競争入札のうち指名によって応札（可能）企業が決まるのが指名競争入札であり、そうでないものが一般競争入札であるというに過ぎない。かつて、指名競争入札の一般的な利用が談合構造を形成、安定化させてきたという批判があり、「指名競争入札＝非競争的」という認識が持たれるようになった。それは多くの発注者が指名競争入札を非競争的に利用してきたことを意味するのであって、指名競争入札それ自体が非競争的であるということを決して意味しない。指名競争入札を競争的に利用すれば、それは競争的な契約者選定手法ということになる。

競争入札と随意契約の関係も同様だ。随意契約は必然的に非競争的なものとなる訳ではない。公共調達における法令上の随意契約の位置付けは、契約者選定過程から競争入札を除いたもの、言い換えれば一般競争入札でも指名競争入札でもないものが随意契約と呼ばれるに過ぎない[17]。競争入札であるためには入札という手続きが必要だ。例え発注者が競争的に契

17　随意契約はしばしば非競争的な特命随意契約と同視されるが、公募型の競争的手法もある

約者を選択したとしても入札という手続きを踏まなければそれは競争入札ではなく、随意契約と呼ばれることになる。随意契約が非競争的と理解されているのは、いわゆる特命随意契約が念頭に置かれているからである[18]。

## アインHD事件

KKR札幌医療センターの敷地内薬局の整備にかかる薬局選定公募において情報漏洩があったとして、2023年に同センターの職員と大手薬局チェーン企業（アインHD）の幹部2人が逮捕、起訴された。**アインHD事件**だ。この公募は、業務展開にかかる提案書の評価の順位が最も高い企業を第1優先交渉権者として選定するもので、企画の中には月額賃料の支払金額も含まれていた。アインHDと通じていた同センターの職員は、アインHD側が提案した賃料は他社より低額であったため同企業側を勝たせるために両者で情報交換をして、高い賃料に差し替えたという。また、公募の前からセンター側の要望が同社に伝えられていた、ともされる。これらの行為が刑法の公契約関係競売入札妨害罪（96条の6第1項）に当たるとされた。

ポイントは、この手続きが公募であって入札ではなかったということである。2023年11月の初公判で、同センター職員は有罪であることを認めた。一方、アインHD側の被告人は、事実関係については認めたが、この公募は随意契約の一種なのだから「入札」に当たら

18　しかしそうであっても、数ある候補者の中から最も適当な企業を選んだ上での特命随意契約があるとするならば、それはなおも競争的であるということになる。一般消費者を含む民間における契約者選定手法は通常そのようなものではなかろうか

ず、同センターは同罪の「公の競売又は入札」にいう「公」には当たらないとも主張した。

刑事実務において最も定評のある「大コンメンタール刑法」は以下の通り述べている[19]。

「公の（競売又は入札）」とは、国若しくは地方公共団体（これらの機関を含む）又はこれに準ずる団体が競売又は入札の実施主体であることを意味する。

公法人、すなわち公法上の法人が上記の「これに準ずる団体」に当たるか否かは、当該公法の規定に基づいて当該法人が行う競売又は入札が刑法上の公務性を有するか否かという観点から決すべき事柄であり、実施主体が公法人であるとの一事では決せられない。

事務の公務性や役職員の公務員性がその準拠法に明記されていない公法人については、事業の性格、成立の沿革、業務運営に対する国や地方公共団体の支配の程度等を総合して判断することが必要であり、判例も、健康保険法に基づく健康保険組合について、組合は事業主及びその事業所に使用される被保険者から組織されるものであり、その事務は組合自体の固有事務であって、物的基礎のほとんどと人的基礎のすべても組合自体のものであることなどを理由として、組合が行う入札等は「公の競売又は入札」に当たらないとしている。

札幌医療センターを運営するＫＫＲは財務省所管の特殊法人であり、国家公務員共済組合

---

19　大塚仁＝河上和雄他編「大コンメンタール刑法〈第6巻〉：第73条～第107条（第3版）」青林書院（2015年）246頁（高崎秀雄執筆）

法で職員に対するみなし公務員規定が設けられている。「国等（の）入札等」という同様の要件が置かれている官製談合防止法には、「国等」に含まれる法人にかかる要件が定められており（2条2号）、それには該当しないけれども、KKRは公契約関係競売入札妨害罪にいう「公」には該当するという判断が検察側にあったのだろう。

## 「公」の要素

札幌地裁は以下の通り判示して、その「公」の要件を認めた（以下、「同連合会」とはKKRのことを指す）[20]。

> 同連合会は、国家公務員の病気等に関して適切な給付を行い、国家公務員等の生活の安定と福祉の向上に寄与するとともに、公務の能率的運営に資するという国家公務員共済組合法の目的（同法1条）に従い、同法上同連合会の業務とされている福祉事業に関する業務（同法2条2項3号）の一環として病院を設置している。そして、本件事業も、病院利用者の利便等に資する施設の整備事務であり、福祉事業に関する業務といえる。弁護人は、実際に行われる事業内容は民間企業によるものと相違ない旨主張するが、あくまで上記のような公務の能率的運営等との関係で実施されるものであるから、本件事業について公務性が認められる。

20　札幌地判2024年4月18日（2023年（わ）第668号）。本著執筆段階で控訴審が係属中であるまた、同連合会は国家公務員共済組合法に基づく法人であり（同法22条）、同連合会職員は罰則の適用において公務員とみなされる（同法13条、36条）。そして、同連合会の事業計画及び予算は毎事業年度財務大臣の認可を受け（同法15条、36条）、業務執行や財産状況は財務大臣からの監督、監査を受け（同法116条）、理事長や一定の理事、幹事は財務大臣が任命するかその認可を受けて理事長が任命するとされており（同法29条）、事業内容、人事、財政面において国による相当程度の監督下に置かれている。以上のような事業の公務性、同連合会の公法人該当性、職員の公務員性、国による監督の度合いからすれば、本件事業は、国・地方公共団体に準ずる団体が実施する公務性を有する事業といえるから、同事業に関する本件企画競争は「公の」入札等といえる。

みなし公務員規定の存在は重要な要素だが、それでは足りない。東京五輪組織委員会もその根拠法にはみなし公務員規定があったが、入札妨害の事案としては扱われなかった。官製談合防止法違反の射程との比較は重要だ。組織の公法人該当性、ミッションとしての公務の能率的運営、政府や自治体の管理、監督下に置かれていることも併せて評価される。

## 「入札」と言えるか

一方、「入札」の射程はどうか。確かに、現行刑法96条の6第1項の基となった旧96条の

3第1項が制定されたのは戦時中であり、総合評価落札方式や企画競争型の随意契約の手続きが整備されて実務が始まったのはずっと後のことである。ゆえに、これらの方式が公契約関係競売入札妨害罪にいう「入札」と言えるかは解釈の問題ということになる。そのような認識を示した上で、札幌地裁は、以下の通り述べる。

会計法制定当時と比べ、競争契約又は随意契約という枠組みの中で行われる契約の方式も多様化しており、総合評価落札方式の入札と企画競争には相当程度の類似性がみられる。このような契約方式の相対化も踏まえれば、競争入札の実質を有する会計法上の随意契約が刑法96条の6第1項における「入札」に該当するとしても、罪刑法定主義に反するものではないと考えられる。

以上のとおり、会計法等所定の随意契約として実施された契約方式であっても、個別に検討した上、競争入札の実質を有するといえる場合には、刑法96条の6第1項の「入札」に該当すると解するのが相当である。

ではこの公募は入札の実質が備わっていたのだろうか。過去に「入札」は地方自治法上の「入札」に限定されるものではなく、「競争入札の実質を保有する」随意契約も含まれる、と判示する最高裁判決がある[21]。いわゆる「見積もり合わせ」のような随意契約も同罪にいう「入札」として扱われるということだ。

---

21 最判1958年4月25日刑集12巻6号1180頁

競争性の有無と程度でいえば、特命随意契約から条件のない一般競争入札（全く条件がない入札は実際上ないが）まで様々なタイプがあり得る。競い合いの対象でいえば価格だけを見るタイプ（最低価格自動落札方式）もあれば、価格とその他の要素を総合的に評価するタイプ（総合評価落札方式）もある。企画競争型の随意契約では実質上、価格以外の要素だけで評価するタイプが主流である。最高裁判決を読む限りでは、最低価格自動落札方式の競争入札以外にも、総合評価落札方式型の競争入札と価格を中心的な要素とする随意契約が「入札」に含まれることは分かるが、その他の場面についての線引きはどこにあるのか。価格が中心的な要素となっていない、あるいは価格以外の要素だけで判断する企画競争型の随意契約について、判例上はっきりしない部分は確かにある。

札幌地裁の示した判断基準は以下の通りである。

最低価格落札方式の競争入札においては、入札価格によって機械的に優劣が決定されることと比較すると、企画競争や総合評価落札方式の競争契約は、価格面以外の要素も考慮して判断するものであって、判断の客観性はある程度損なわれることになる。しかし、このことは、価格以外の条件を加味して評価することに伴う制約であって、直ちに単なる随意契約のような裁量性を意味することにはならず、できる限り公平で客観的な競争を志向することも可能である。

## 公平、客観、裁量

判断基準にある公平、客観、裁量という言葉の意味を考えてみよう。刑法旧96条の３を導入した１９４１年の刑法改正当時に念頭に置かれていたのは、価格要素で優劣を判断する入札制度だった。ただし、判断基準の客観性やその判断にかかる非裁量性が総合評価落札方式や競争性のある随意契約にも認められる場合には、刑法における同罪の射程とする入札として扱ってもよいという考えに至るのである。入札の実質を備えていることは競争の要素があるか否かだけでは判断できず、元々の出発点との距離が重要になる。だからこそ随意契約という法的には入札と言えない手続きであっても刑法上規定された入札と同視できるのだ。一方、総合評価落札方式でも入札と同視し得ないケースも出現し得るという結論にも至る。

本件は「プロポーザル方式」と呼ばれる公募型の競争性のある随意契約である。その中で価格を１要素として勘案するというものだ（調達であれば価格の安さで競い合うが、これはKKR札幌医療センターの土地を賃借する企業の競争なので価格が高いほうが有利になる）。札幌地裁は公平、客観、裁量について次の通り評価している。

本件公募要領では、審査項目が8つに分けられ、さらに各項目内において審査される細項目もある程度列挙されているから、事業者はこれらの事項について他の事業者と優劣を競うことが求められているといえる。また、審査基準については、審査員の判断に委ねられる面は否めないが、各審査項目は、7名の委員がそれぞれ採点してそれらを合計することで最優秀提案者を決定するという方式によることで、判断の客観性、公平性を保っている。配点割合が3割とされている月額賃借料等については、1億円1点という客観的基準が定められている。さらに、採点結果については各委員のつけた点数も含めて病院内部における決裁に付され、国家公務員共済組合連合会契約監視委員会による点検等の対象ともなっている。このように、審査基準についても、相当程度の判断の客観性、公平性が図られていたといえる。

要するに、発注者側の裁量で恣意的に運用される危険が少ない、という事実をもって公平で客観的だとしている。価格要素に見られる公平さと客観性を中立な審査といった手続きの存在でカバーできるかは評価が分かれようが、重要なポイントは、競争の中身が価格以外の要素に拡大する場合でも、同罪の射程に入れるロジックが展開されたことである。発注者側の制御の及ばない第三者による評価の数値化が、応募者、応札者を公平に客観的に扱うという条件となっている。言い換えれば、発注者側の職員だけで評価委員を構成した場合には、その前提が崩れるということになるし、採点もラフなものであれば客観性が危うくなる。

もう1つの要素が金額要素に対する非金額要素の「補充性」である。札幌地裁は、弁護人による、「賃借料等の比重は低く、その採点方法も1億円を1点とするもので参加者間の差がつきづらいものであり、その他自由提案（中略）等が実際上重視されているから、発注者に対して支払われる金額以外の要素が補充的といえない程度に考慮されており、競争入札としての実質は失われている」旨の主張に対し、以下の通り述べて、「補充性」を肯定した。

月額賃借料等の配点割合からすれば、これ以外の要素を相当程度考慮していることは否定しがたいものの、月額賃借料等の配点割合は、各審査項目の中では最も高く、月額賃借料等を他の要素に比して重視していたことも指摘できる。また、本件の賃貸借契約の期間は20年間と長期間にわたるもので、収支計画（…配点20点）が賃料の継続的な支払を担保する項目として考慮されていたのであるから、長期的視点で見た場合の医療センターが得られる経済的利益の期待値に関する配点割合が5割を占め、基本的考慮要素となっていたということもできる。

補充性を論じるのは、最低価格自動落札方式からの乖離によって入札の射程内か射程外かを判断しようとしているからに他ならない。判決では、価格及び（収支計画という）価格関連要素で50％、その他の要素が50％という事実について、その他の要素の「補充性」を認めた。異論はあるだろうが、この判決を前提にラフに言えば、「最低価格自動落札方式からの実質的乖離は半分まで認める」ということになる。価格要素を考慮しない企画競争型随意契約からはまだ距離があるが、「経済的利益」という概念は広く、非価格要素のみの競争の場合でも経済的利益に関連しない非価格要素の補充性を認める蓋然性はあり得る。

その他、弁護側は本件企画競争における手続き面での競争入札との乖離を主張したが、それも認められなかった。

## 入札妨害罪の射程は膨張中

前節までで見た公契約関係競売入札妨害罪の保護法益が競争それ自体、あるいは競争手続きに対する国民の信頼と言うのであれば、公共契約における契約者選定の手続きが競争的要素を伴う場合には、できる限り違反の射程を拡大しようという方向への一定の力が発生する。一方で、刑法である以上、各要件の射程はできる限り控えめに捉え、その文言を限定的に理解するという方向への一定の力も働く。本件判決はこの２つのベクトルの和の結果として理解できる。「経済的利益」という表現は「施行者等利益侵害説」を彷彿させるが、いずれにせよ、刑法改正という立法上の対応が実施されない限り、この問題は論点として残り続ける。

今後の展開は読み切れない。例えば、価格要素の非常に小さい総合評価落札方式において不正が発生したとしよう。官製談合防止法の射程でもないし、贈収賄も絡まず、公契約関係競売入札妨害罪以外は考えられないという事案を考える。おおよそ公契約である以上、公平性や客観性、非裁量性の問題はクリアできるだろうが、補充性はどうか。さらに拡大のロジックが展開されるか。あるいは無罪となり、立法への要請が高まることも考えられる。１つだけ言えることは、同罪の射程は現在、膨張中であるということだ。

# 第5章

# 談合罪
# 「良い談合」はあるのか?

# 1 良い談合？

## 亀井氏の主張

「『良い談合ある』『だめです』亀井氏と公取委が火花」と題された記事が2009年10月22日の朝日新聞に掲載された[1]。亀井氏とは旧国民新党代表の亀井静香であり、金融担当大臣を務めていた。当時公正取引委員会の委員長であった竹島一彦が大臣室に呼ばれ、「良い談合」は独禁法の射程外とすべきかどうかについて議論したという。

「日本の生活文化の中で、適正な受発注が行われるわけで、それを考えてくれ」とする亀井に対して、「良い談合、悪い談合というものはありません。談合はだめです」と竹島は応じたようだ。

法律の形式の表面をなぞるのであれば、発注者である国や自治体が競争入札という手続きを実施し、そのルールの下で応札者を募集したのであるから、それに応じた企業は競争に反する行為を禁じられる。一般的には公契約関係競売入札妨害罪がこれをカバーし、一定の要件を満たした談合行為であれば談合罪の問題になり、あるいは独禁法違反となる。発注者が競争を求めており、そういった前提のルールを示しているのであるから、それを

1　朝日新聞2009年10月22日夕刊15面

受け入れることを前提に各種法律は発動される。その方法に問題があるというのであれば、そう発注者に訴え、ルールを変更させるよう働きかければよい。会計法令上、理由があれば随意契約は可能であるし、競争入札であっても各種条件が付けられるはずだ[2]。

## 入札がある以上談合は通用しない

しかし、発注者は通常、競争入札に固執する。会計法令がそれを求めている。さらに言えば、歴史的には競争入札と入札談合の組み合わせについて深刻視、問題視してこなかった。談合やむなしという業界の慣行に対して、発注者は迎合してきた。談合されても少なくとも予定価格を超えることはない。一方通常化していた指名競争において指名の裁量があったので、この立場がある限り、企業の不良工事を避けることができた。企業も談合参加の前提となる指名の継続を求めて一定の品質を維持しようとした。このような構造の下、談合は安定化した。指名競争、予定価格、入

●3点セットのイメージ

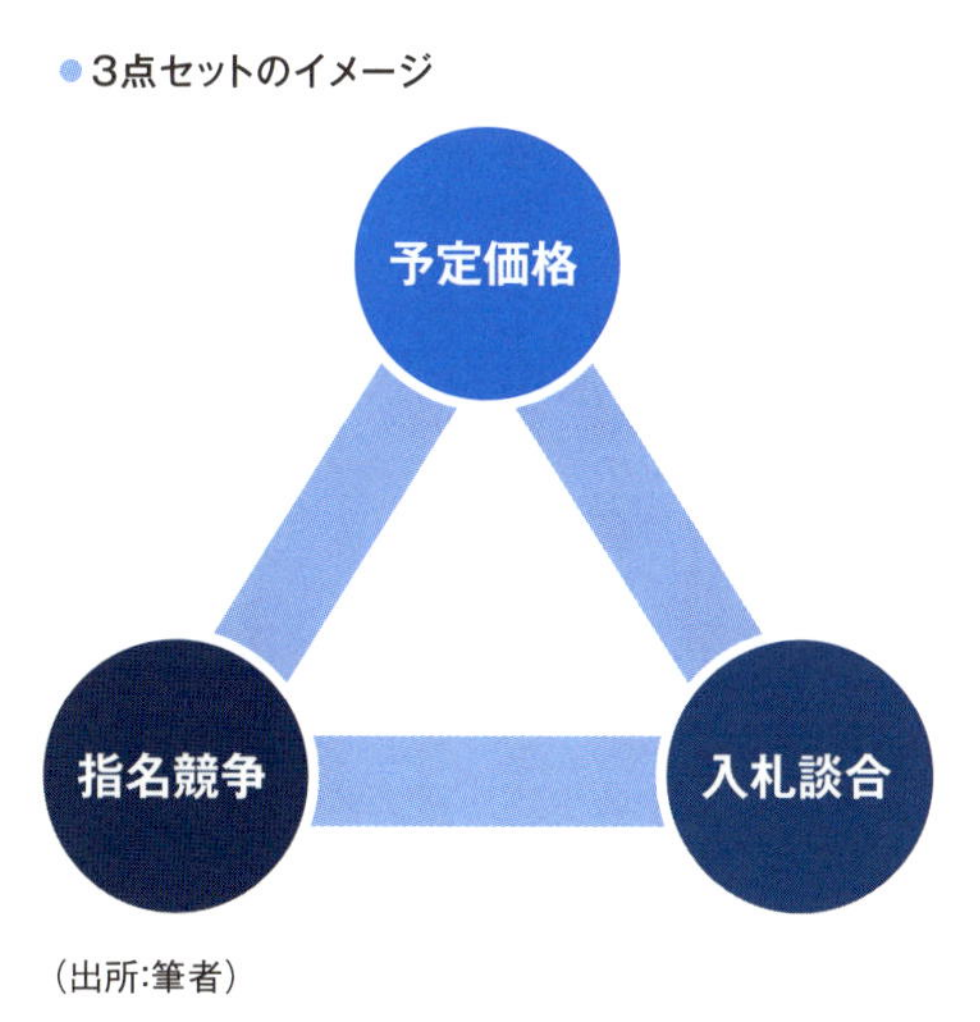


（出所：筆者）

2　もちろん、そのような働きかけが不正に競争手続きをゆがめることになるのであれば、公契約関係競売入札妨害罪の問題が生じ得るし、発注者を官製談合防止法違反に引き込んでしまうかもしれない。前章で触れた国循事件の地裁判決と高裁判決はそのリスクをよく表している。ある企業を除外する操作は、例えそれが（適格企業の絞り込みのような）一定の正当化要素が存在したとしても不当な排除として認識され得るし、その場合、各種条件はミニマムなものに設定されなければ公契約関係競売入札妨害罪や官製談合防止法違反罪の射程内に入ってくる

札談合という、経済学者の金本良嗣のいういわゆる「3点セット」は、お互いに支え合って強固なものであり続けてきた。

現在、入札不正の多くは前章で見た公契約関係競売入札妨害罪、そして次の章で見る官製談合防止法違反罪で処理され、相対的に談合罪が適用されるケースが少なくなってきたように見える。それでも、ここ4、5年で見ても、**宮崎県小林市発注のごみ収集車を巡る談合事件、宮崎県日南市発注の災害復旧工事を巡る情報漏洩事件、江田島市発注の指定ごみ袋の製造・納入企業選定を巡る談合事件、徳島県石井町発注の幼稚園改築工事を巡る談合事件、山形県大石田町発注の町民交流センター建築工事を巡る官製談合事件、青梅市発注の擁壁設置工事談合事件（青梅談合事件）**などで企業側が談合罪で摘発されるなど、小規模自治体の発注案件を中心に同罪での立件が相次いでいる。戦前から存在するこの入札犯罪は一体どのようなものなのか、以下、その構造を見てみよう[3]。

## 談合罪の構造

まずは条文を確認する。刑法96条の6第2項である。

公正な価格を害し又は不正な利益を得る目的で、談合した者も、前項と同様とする。

3　以下の記述について、郷原信郎「独占禁止法の日本的構造 制裁・措置の座標軸的分析」清文社（2004年）第3部、亀本和彦「公共工事と入札・契約の適正化：入札談合の排除と防止を目指して」レファレンス53巻9号7頁以下（2003年）、伊東研祐「談合罪、公務の執行を妨害する罪、不当な取引制限の罪、職員による入札等の妨害罪を巡る覚書」慶應法学31号21頁以下（2015年）の記述が非常に参考になる。本著の記述もこれらに多くをよった

ここで「前項」とは96条の6第1項の公契約関係競売入札妨害罪を指す。それと同じ法定刑だという。何が談合かを明示的に定めていないが、前項の「公の競売又は入札で契約を締結する」手続きについてであることは明らかである。「談合」とは辞書的にいえば「談じ合うこと」あるいは「話し意を合わせること」である。「公の競売又は入札で契約を締結する」手続きにおける談合（要するに入札談合）とは、入札において応札者などが通謀して、特定の者を契約者にさせるべく各々の応札行動を決めるよう協定することを意味する。最低価格自動落札方式の場合、しばしば「チャンピオン」と呼ばれる受注予定者を受注者とするため、他の談合企業はチャンピオンの応札価格よりも高い価格を入れる、あるいは他の企業が応募・応札しない形で実現される。一言でいえば「受注調整」である。

１９４１年の刑法改正の当時、政府は「談合」を「入札者又ハ競売ノ申込者ガ互ヒニ通謀ノ上或ル特定人ヲシテ、契約締結者タラシムル為メ、他ノ者ハ一定ノ価格以下又ハ以上ニテハ、入札又ハ付値ヲナサザルベキコト協定スル行為ヲ云フ」[4]と説明している。制定後に形成された裁判例においても「公の競売又は入札において（中略）競争者が通謀して或る特定の者をして契約者たらしめるため他の者は一定の価格以下又は以上に入札しないことを協定する」[5]ことを指すものとされた。

さて、ここで1つの疑問が生じる。談合がそのような理解であるならば、談合それ自体をもって有罪とできるような構成をすればよいのになぜ、「公正な価格を害し又は不正な利益を得る目的」を求めるのか、ということである。

4　第76回帝国議会・衆議院借地法中改正法律案他一件委員会議事録（速記）第4回（1941年2月24日）25頁
5　最判1953年12月10日刑集7巻12号2418頁

# 2 「公正な価格」の立法者意思と判例

## 競争的な価格か適正な利潤か

談合罪の構成要件である「公正な価格を害し又は不正な利益を得る目的」をどう理解するかについてはその保護法益論に関連して従来、見解が分かれてきた。「不正な利益」は談合金の授受とのリンクで理解されるものであり、以下では「公正な価格を害（する）」点に焦点を当てて論じる。

「談合（すること）」（＝競争の制限を合意すること）と「公正な価格」とが並列しているので、何らかの制限があったとしても公正な価格の阻害に向けられたものでなければ犯罪が成立しない、と考えるのが自然な見方である。1941年に談合罪が刑法典に盛り込まれた際の、立法者意思はまさにそのようなものであった。

帝国議会衆議院の議員である牧野良三の「適正価格ト云フモノハ、二、三年前マデハ大変不明瞭ナモノノヤウニナツテ居リマシタガ、昨年以来統制経済ニナリマシテカラ、適正価格ト云フコトハ大変明瞭ナ観念ニナツタ」[6]という発言からも分かる通り、当時の統制経済下では、公定価格などを前提として予定価格が定められているがゆえに「適正価格」も一定範

6　第76回帝国議会・衆議院借地法中改正法律案他一件委員会議事録（速記）第4回（1941年2月24日）21頁

囲に収まることが当然の前提となり、それを破る目的での談合にこそ可罰性がある、という理解になる。つまり、そこでは公正な価格と競争的な価格とは必ずしも一致する訳ではなかったのである。

公正な価格の理解について、最高裁判例は「競争価格説」に立っているといわれている[7]。すなわち公正な価格とは「当該入札において、公正な自由競争によって形成されたであろう落札価格」のことであり、競争制限によって価格が引き上げられた以上、公正な価格を害することになるのである。そのような理解は戦後になって導かれた。

これに対抗するのが「適正利潤説」だ。すなわち「当該工事などに関して、実費に適正な利潤を上積みした価格」とする考えは、下級審判決でしばしば見られる[8]。「**大津判決**」と呼ばれる地裁判決（1968年）では、不良工事の回避といった公共調達の要請から、予定価格での受注はそのための適正な利潤を獲得させる価格であるとして、談合金の伴わない一般的な談合について無罪判決が出て、そのまま確定してしまった[9]。

## 価格を巡る「競争」と「公正」の距離

確かに戦後、統制経済は解かれ自由競争を中心とする体制に移行したので、戦前の議論がそのまま現在に通用する訳ではない。しかし会計法令上、「予定価格は、契約の目的となる物件又は役務について、取引の実例価格、需給の状況、履行の難易、数量の多寡、履行期間

7　最判1953年12月10日刑集7巻12号2418頁、最判1957年1月22日刑集11巻1号435頁など
8　東京高判1957年5月24日高刑集10巻4号361頁など
9　大津地判1968年8月27日下刑集10巻8号866頁

の長短等を考慮して適正に定めなければならない」（予決令80条2項）という規定の下、各発注機関に共有されているその時々にスタンダードとされている積算単価を根拠に定められている。予定価格を暫定的な適正価格として位置付け、どこまでの乖離を公正な価格とするのか、という課題は残されたままなのである。

とりわけ公共工事においては、総合評価落札方式を原則化する理念法として、２００５年に公共工事品質確保法が制定された。同法は２０１４年の改正で、「公共工事を施工する者が、公共工事の品質確保の担い手が中長期的に育成され及び確保されるための適正な利潤を確保することができるよう、適切に作成された仕様書及び設計書に基づき、経済社会情勢の変化を勘案し、市場における労務及び資材等の取引価格、施工の実態等を的確に反映した積算を行うことにより、予定価格を適正に定めること」（旧7条1項1号）と定めるなど、公共工事における価格の適切さの理解については、従来の考えとは相当異なる環境になっていることは見逃せない。

また、価格競争といってもそれが過剰になれば独禁法の不当廉売規制に抵触する恐れが生じることになるのであるから、「競争的価格＝（法的に見て）公正な価格」という単純な図式は成り立たない。刑法96条の6第2項の規定が、現在でも「談合」と「公正な価格」とを並列させている以上、競争的価格では言い尽くせない「公正な価格の侵害」とは何か、という論点は存在し続けるのである。１９６５年の、**海上保安庁発注の内火艇（動力付ボート）を巡る談合事件**における東京高裁判決[10]でも、市場独占の目的での採算無視の入札の存在に

10　東京高判1965年9月28日高裁判決時報（刑事）16巻9・10号192頁

●品確法2014年改正のポイント

**(1)発注者の責務**

▶担い手育成·確保のための適正な利潤が確保できるような予定価格の適正な設定(歩切りの禁止、見積もりの活用など)

▶ダンピング受注の防止(低入札価格調査基準または最低制限価格の適切な設定)

▶計画的な発注、適切な工期設定、設計変更(債務負担行為の活用などによる発注·施工時期の平準化など

**(2)多様な入札契約方式の導入·活用**

▶技術提案·交渉方式、段階的選抜方式、地域における社会資本の維持管理に資する方式などの活用

**(3)受注者の責務**

▶技能労働者の適切な賃金水準確保や社会保険などへの加入徹底についての要請の実施

▶教育訓練機能の充実強化や土木·建築を含むキャリア教育·職業教育の促進、女性も働きやすい現場環境の整備など

**(4)その他**

▶公共事業労務費調査の適切な実施と実勢を反映した公共工事設計労務単価の適切な設定

▶中長期的な担い手育成·確保の観点から適正な予定価格を定めるための積算基準の検討

▶調査および設計の品質確保に向けた資格制度の確立

▶発注関係事務の運用に関する指針(運用指針)の作成、およびそのフォローアップ、自治体への支援

(出所:国土交通省)

触れながら、「いわゆるダンピング価格（中略）も公正にして自由な競争入札によって得られた落札価格であるか否かに疑問があるから、公正な価格といい得るか否かは疑わしい」[11]と述べている。

## 入札施行者にとって利益になる場合

**海上保安庁発注の内火艇を巡る談合事件**の高裁判決では以下の通り述べられている。

> 果して然らば、公正なる価格を害する目的をもつてする談合罪とは、公正にして自由な競争入札が担保されている限り、その結果として形成された落札価格はこれを適正な価格と認めるべきであり、この価格を入札施行者の不利益に変更することを目的としながらなされた談合であると解釈すべきものであるといわなければならない。

裏を返せば、入札施行者の「利益」になるような変更は「公正なる価格」の侵害にはならないことを述べている。例えば、公共工事において現場条件が不利であるなどの事情から予定価格では割に合わないと思われるケースでは通常、入札不調が予想される。そこで、「地域のために」と地元企業が話し合ってどこかが責任を持って（赤字）受注するような場面があったとする（そのような話は決して稀有なものではない）。

11　10の194〜195頁

この場合、競争的な価格は予定価格を超えるが、話し合いの結果で予定価格以下となる。そのような行為は「公正な価格」についての判例の理解（競争価格説）に立ったとしても、これを害することにはならないというわけだ。そういった趣旨の話し合いには「公正な価格を害する目的」は認められない、というのが過去の判例から導かれる結論だった。

競争入札に際して応札企業同士で何かを話し合えば、それで即、談合罪が成立するものではないということだ。

競争入札が所期の効果を達成する、すなわち複数の受注希望者が現れてそれらが競い合う結果、競争的な価格が競争入札において実現され、それが発注機関の利益、ひいては納税者の利益にかなうという認識が、談合罪の基礎にある。その考え方を徹底するならば、競争入札が機能する前提を欠くような場合、入札不調が予想される場面において調達を確実ならしめるために企業間で話し合うことは談合罪の射程外であることを意味する。なぜならばそれは落札価格を発注機関にとって不利益に変更するものではないので「公正な価格を害する」ことにならないからである。

しかし、これは理屈の話である。実際の事件では司法はそのようには理解してくれない。競争の結果に影響を与える何らかの話し合いは発注者の利益にかなうものだと企業側が主張したとしても、現実には容赦なく断罪される。無謬性の体裁にこだわる行政はこのような実態を認めようとしないからである。入札を実施する以上、発注する側はそれが不合理であると認めてしまえば、自ら誤った選択をしてしまったと自認することになり、場合によっては責任問題に発展しかねない。発注担当者が企業間の話し合いを黙認していたと認定され、下手をすれば談合の共犯にされるかもしれない。

つまり「発注者のために」と思っても企業間で競争に何らかの影響を与える話し合いをしてはならないということだ。競争の結果に影響が生じる以上、事実を部分的に切り取れば自社の利益のために実施したという構成は不可能ではない。そもそも自社の利益のために活動するのが企業であって、競争の結果を左右する企業間の話し合いは「自社の利益のためだ」と解釈されてしまうし、談合罪はそういうステージに入ったと考えるべきである。このことを象徴する事件が、**青梅談合事件**[12]である。２０１９年に地裁で無罪判決が、２０２０年に高裁で逆転有罪判決がそれぞれ下された。

12　東京地判2019年9月20日（2018年（わ）第855号）、東京高判令和2年9月16日（2019年（う）第1823号）

# 3 青梅談合事件

## 事情のいかんを問わず

**青梅談合事件**は、公共工事分野において受注に関わる交渉をすれば、その事情のいかんを問わず談合罪に問われるかもしれないとして、建設会社のコンプライアンスを考える上で重要な事件となった。

事件の概要はこうだ。多くの建設会社が条件の悪さから、青梅市発注の擁壁設置工事の受注を見送る中、同市の元建設業協会会長が工事に穴を空けてはいけないという使命感から、指名されたと思われる他の建設会社に受注意欲を聞き、どこもその意欲がないことを知り、自らが経営する酒井組が受注に踏み切った。その際、指名された以上、辞退や予定価格超の価格を応札することにためらう建設会社が予定価格ピッタリで応札する可能性もあることから、この会長は自社の応札価格を、予定価格をわずかに下回る価格で落札した。

1審の東京地裁判決は無罪であった。その理由は、そういった事情の下での受注は積極的な受注意思に基づくものではなく、談合による価格の吊り上げも認められないということだった。しかし東京高裁は有罪とした。100%をほんの少しだけ下回る価格での落札は、

● 青梅談合事件の入札結果

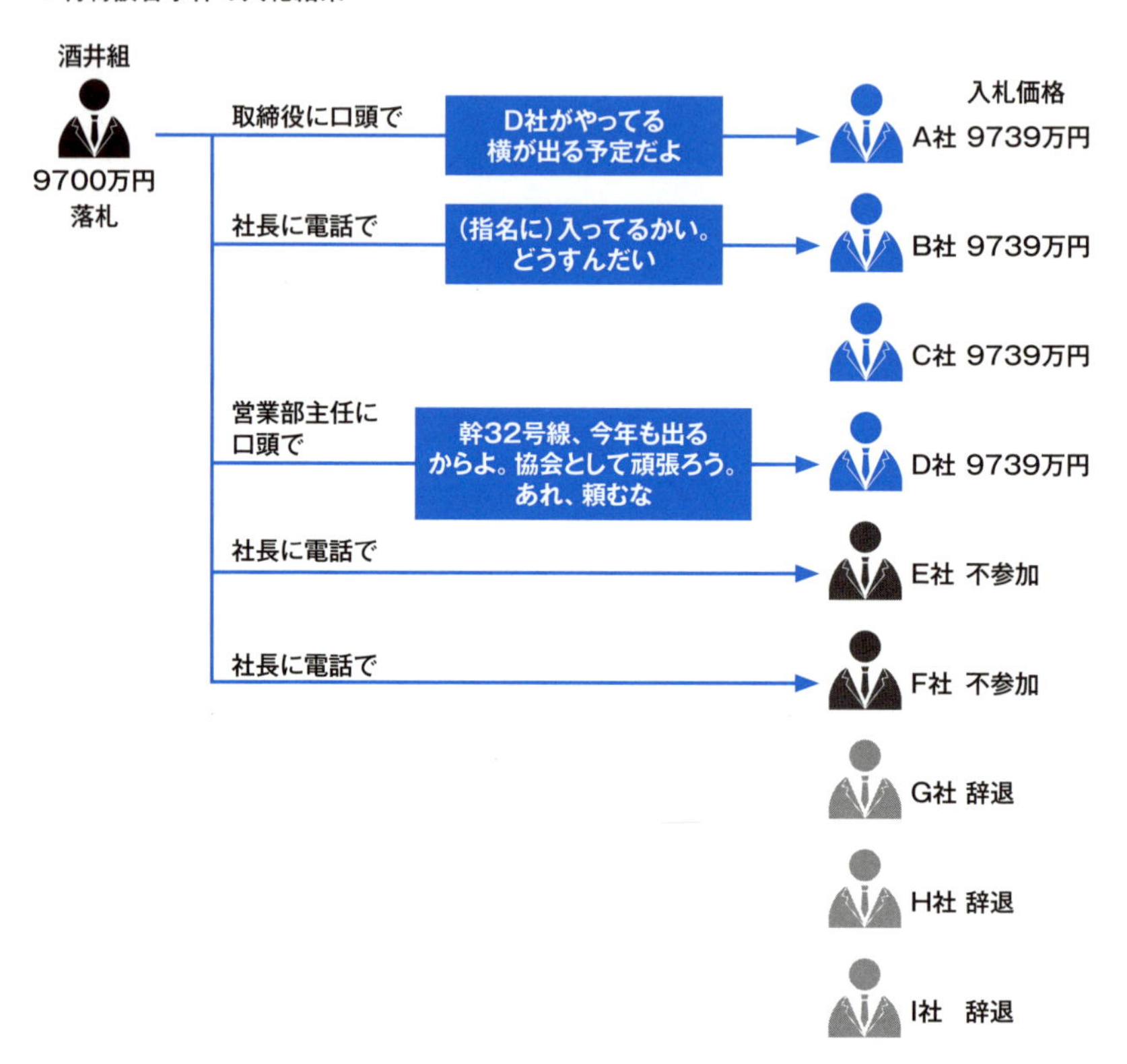


青梅市が2017年4月21日に実施した「幹32号線改修工事(擁壁設置その2工事)」の入札結果と、酒井組が事前に連絡を取った相手とその内容。予定価格は9739万円。酒井組の連絡時期は17年3月中旬から4月20日ごろまで。連絡内容は裁判所が認めたもの(出所:裁判資料を基に日経コンストラクションが作成)

要するに他の企業との調整の結果で得られるものであり、それは競争の過程をゆがめたことを意味するというのが理由だ。決して自社の利益にならないという被告人側からの反論も、会社が目標とする工事粗利率や同社が目標とする年間売上高といった観点から自社の利益になるという前提での調整だった、と断じている。

## 悪い結果でも競争は競争

この事件は、罪を認めない被疑者への長期勾留の問題、共犯の関係にある他の建設会社への（自らが捜査の対象になるかもしれないという）心理的圧力から各種供述がゆがめられたのではないかという問題が指摘されており、

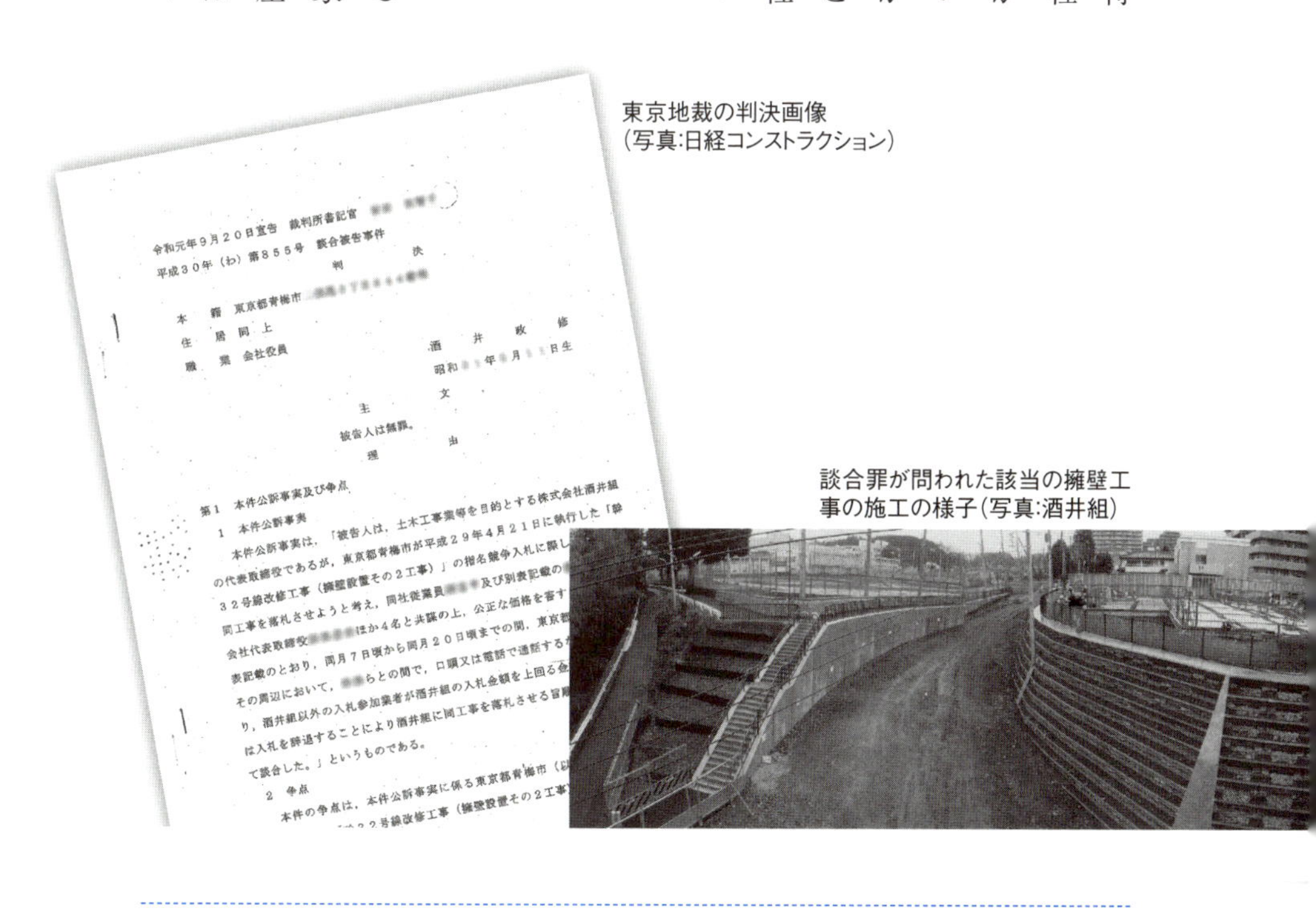

令和元年９月２０日宣告　裁判所書記官
平成３０年（わ）第８５５号　談合被告事件

判　　　決

本　籍　東京都青梅市
住　居　同上
職　業　会社役員

酒　井　政　修
昭和　年　月　日生

主　　文

被告人は無罪。

理　　由

第１　本件公訴事実及び争点
１　本件公訴事実
本件公訴事実は，「被告人は，土木工事業等を目的とする株式会社酒井組の代表取締役であるが，東京都青梅市が平成２９年４月２１日に執行した「鈴
３２号線改修工事（擁壁設置その２工事）」の指名競争入札に際し
同工事を落札させようと考え，同社従業員　及び別表記載の
会社代表取締役　ほか４名と共謀の上，公正な価格を害す
表記載のとおり，同月７日頃から同月２０日頃までの間，東京都
その周辺において，　らとの間で，口頭又は電話で通話するな
り，酒井組以外の入札参加業者が酒井組の入札金額を上回る金
は入札を辞退することにより酒井組に同工事を落札させる旨
て談合した。」というものである。
２　争点
本件の争点は，本件公訴事実に係る東京都青梅市（以
３２号線改修工事（擁壁設置その２工事

東京地裁の判決画像
(写真:日経コンストラクション)

談合罪が問われた該当の擁壁工事の施工の様子(写真:酒井組)

筆者も高裁判決には強い疑問を抱いている。しかし、ここではその是非を問うのではなく、以下のコンプライアンス上の示唆を導いておこう。

それは、ひとたび、発注機関が競争入札を選択した以上、競争相手に対する何らかの情報収集を行えば談合罪の疑いがかけられ、ましてや受注の申し出（それをうかがわせる行為）をすれば、何らかの理由をつけられて競争の手続きをゆがめたと評価され、それを正当化するやむを得ない事情など一切考慮されずに、不正な利益の獲得や公正な価格を害することの目的の下で価格が吊り上げられたと認定されるかもしれないということだ。裁判官がどのような事実を重視するか次第ではあるが、企業は仮に良かれと思ってしたとしても、そのようなリスクにさらされることになる。談合罪にはそのようなリスクが潜んでいることを、建設会社をはじめ公共契約に関わる全ての企業は強く意識すべきだ。

発注機関がどれほど困ろうが、インフラ整備がとどころうが、それは発注機関が適切な発注方法を選択できなかったことの問題として、放置しなければならない。魅力のない工事であれば、指名されても堂々と辞退する。これがコンプライアンス上の解答となる。

事実の解釈は裁判官の手にある。だとすれば、企業が実施しなければならないのはどう事実が解釈されても不法にならない防御である。発注機関の怠慢あるいはミスを企業側が話し合ってフォローする実務を筆者は数多く見聞きしてきた。しかし、「良かれ」の発想は令和の時代、通用しない。公共調達実務の真の改革を行政に求めるのであれば、入札参加者はリスクを冒してまで発注者に手を貸すべきではない。

第6章

# 官製談合防止法 入札不正処罰の切り札

# 1 天の声

## なぜ声が降ってくるのか

入札談合は受注者間で発注者側をだます性格の不正であるが、発注者である国や自治体の関係者を巻き込むことでこの詐欺的行為が確実なものになる。単に見逃すだけではなく、発注者側が積極的に談合を仕切ったり、受注企業のローテーションを差配したりするケースもある。

積極的な入札談合への関与のケースで発注者側のトップ（首長など）や国、自治体の議会議員が登場する場合、日本では「天の声」などといわれることがある。経済学者の金本良嗣は「天の声」について次のように描写している[1]。

1993年の初頭に金丸前自民党副総裁が脱税容疑で逮捕されたのを発端にして、前仙台市長及び現職の三和町長、茨城県知事、宮城県知事が次々に収賄容疑で逮捕され、公共事業における一大スキャンダルとなった。地方公共団体の首長が「天の声」によって公共工事の受注業者を決定し、その見返りにヤミ献金を受け取っていたこと

1 貝塚啓明＝金本良嗣編「日本の財政システム」東京大学出版会（1994年）217頁
2 「官製談合を断ち切るために」日本経済新聞2012年12月22日社説

が摘発の対象であったが、その背後には談合の蔓延と指名競争制度の悪用がある。

わが国の公共工事においては指名競争入札制度が採用されており、指名業者の中で最低価格を提示した会社が自動的に落札する。したがって、指名業者間の競争が有効に機能していれば発注者側が受注業者を決めることはできないはずである。発注者が「天の声」を出して受注業者を指定しても、他の業者がより低い入札価格を入れれば、その業者に落札させざるを得ない。

ところが、実際には談合が蔓延しており、建設業者間の談合によって受注者が決定される．「天の声」はこの談合に影響力を発揮することによって機能している。建設業者の談合において発注者側の「天の声」が影響力をもつのは、発注者が指名業者選定の裁量権を持っているからである。「天の声」にしたがわずに他の業者が落札すると、その業者を将来の工事において指名から外すという罰則を加えることができる。


分かりやすいのが賄賂である。いわゆる官製談合が贈収賄と表裏一体のものとして議論されるのはそのためである。ただ、収賄罪として立件できるものかどうかはケースバイケースである。中長期的な集票機能を企業側に要求するケースもあれば、「天下り」を期待してのものもある[2]。あるいは発注者側職員などの個人の利益を図るものでは必ずしもないケース、例えば、過去に何らかの無償の協力を受けたことの見返りに、あるいは業務の円滑な遂行のために手続きを逸脱するケースもある[3]。

3　刑法典上、背任や詐欺といった犯罪類型で入札不正を捉えることは不可能ではない。日本道路公団の副総裁が独禁法違反の共同正犯で有罪になったケースでは、入札における手続き違背について背任でも有罪となっている（東京高判2008年7月4日審決集55巻1057頁、最決2010年9月22日（2008年（あ）第1700号））、奈良市の入札不正事件では変更契約における架空の費用計上が詐欺として構成された（奈良地判2013年6月7日（2012年（わ）第147号））

## 公共機関の事業者性

競争入札にかかる不正については、その典型としての入札談合をはじめ、反競争行為として独禁法の規律の射程に入る（第2章参照）。公共発注機関は一般に事業者として扱われていなかった（主体の公的な性格ゆえではなく、公共契約が事業活動として行われていない）ので、民間企業である受注者、応札者のみが独禁法上の違反者として扱われ、例外的に、発注機関の職員が同法の刑事事件において共犯として扱われるのみであった[4]。もちろん、現行刑法96条の6第1項の公契約関係競売入札妨害罪、第2項の談合罪の犯罪主体にはなり得るし、場合によっては背任罪の成否も問題になり得る。賄賂が介在すれば贈収賄の問題になる[5]。

「官製談合防止法」と呼ばれる「入札談合等関与行為の排除及び防止並びに職員による入札等の公正を害すべき行為の処罰に関する法律」は、2002年に制定。2006年に改正（刑事罰規定を盛り込む）された。

官製談合防止法は全10条から成り立っており、大きく分けて2つの層で構成されている。第1が、入札不正に関わった公務員の所属する官公庁に対して公正取引委員会の行政指導、及び官公庁内部における当該公務員の処遇に関する規定のグループである（3条から7条まで）。第2が、当該公務員の刑事責任に関わる規定である（8条）[6]。

前者は行政機関による対応を扱い、後者は司法機関による対応を扱うという違いがある。

---

4　その例として、下水道事業団談合事件（東京高判1996年5月31日高刑集49巻2号320頁）、日本道路公団橋梁談合事件（東京高判2007年12月7日判時1991号30頁）がある

5　公正取引委員会事務総局が毎年作成、公表している「入札談合の防止に向けて～独占禁止法と入札談合等関与行為防止法～」（最新版は2023年10月に公表されている）の資料を見る限り、入札談合等関与行為防止法違反罪で起訴され、有罪になったケースの少なくない割合で、加重収賄罪でも有罪になっている

ここで注目したいのが、前者と後者では入札不正を扱う基となる法令が異なるということである。具体的には、前者は独禁法をベースにしており、後者は刑法犯をベースにしている。異なる立法であるのはいかなる事情によるものだろうか。

6　なお1条は目的規定、2条は用語に対する定義、9条は自治体の自主性への配慮規定、10条は事務の委任にかかる規定である

# 2 官製談合防止法へのアプローチ

## 独禁法をベースに行政指導

3条1項の規定は以下のようになっている。2項以降には、これに関連する追加の措置、手続きに関連する規定が置かれている。

公正取引委員会は、入札談合等の事件についての調査の結果、当該入札談合等につき入札談合等関与行為があると認めるときは、各省各庁の長等に対し、当該入札談合等関与行為を排除するために必要な入札及び契約に関する事務に係る改善措置（以下単に「改善措置」という。）を講ずべきことを求めることができる。

ここで、「入札談合等」とは同法の定義規定である2条4項で以下の通り定めている（傍線部は筆者による強調）。

この法律において「入札談合等」とは、国、地方公共団体又は特定法人（以下「国等」

という。）が入札、競り売りその他競争により相手方を選定する方法（以下「入札等」という。）により行う売買、貸借、請負その他の契約の締結に関し、当該入札に参加しようとする事業者が他の事業者と共同して落札すべき者若しくは落札すべき価格を決定し、又は事業者団体が当該入札に参加しようとする事業者に当該行為を行わせること等により、私的独占の禁止及び公正取引の確保に関する法律（昭和22年法律第54号）第3条又は第8条第1号の規定に違反する行為をいう。

官製談合防止法の下、公取委が関係官公庁に行政指導を行う前提条件は、独禁法違反の事実が存在することである。独禁法3条、8条1号は実質的競争制限を効果要件とする違反なので、それだけでは私的独占規制（3条前段）も含むことになるが、官製談合防止法上の「入札談合等」の定義規定には、「当該入札に参加しようとする事業者が他の事業者と共同して」という要件があることから分かる通り、特定の企業が発注者と結託して行う「抜け駆け」型の入札不正は除外されているので私的独占規制は射程外と考えるのが素直な見方であるが、理論上必ずそうなるとは限らない（企業間で共同するタイプの私的独占は考え得る[7]）。

## 談合への関与

続けて、2条5項は以下の通り定める。

7　2条4項において、「共同して」の後の手段にかかる部分が「落札すべき者若しくは落札すべき価格を決定し、又は事業者団体が当該入札に参加しようとする事業者に当該行為を行わせること等」と「等」で締めくくられていることに注意すべきだ

この法律において「入札談合等関与行為」とは、国若しくは地方公共団体の職員又は特定法人の役員若しくは職員（以下「職員」という。）が入札談合等に関与する行為であって、次の各号のいずれかに該当するものをいう。

一　事業者又は事業者団体に入札談合等を行わせること。

二　契約の相手方となるべき者をあらかじめ指名することその他特定の者を契約の相手方となるべき者として希望する旨の意向をあらかじめ教示し、又は示唆すること。

三　入札又は契約に関する情報のうち特定の事業者又は事業者団体が知ることによりこれらの者が入札談合等を行うことが容易となる情報であって秘密として管理されているものを、特定の者に対して教示し、又は示唆すること。

四　特定の入札談合等に関し、事業者、事業者団体その他の者の明示若しくは黙示の依頼を受け、又はこれらの者に自ら働きかけ、かつ、当該入札談合等を容易にする目的で、職務に反し、入札に参加する者として特定の者を指名し、又はその他の方法により、入札談合等を幇（ほう）助すること。

最後の4号で「その他の方法により」という包括規定があるのでその射程は広く、要するに、「入札談合等」に「国若しくは地方公共団体の職員又は特定法人の役員若しくは職員」が関与すること全般を扱っている。既に見たように「入札談合等」は独禁法にリンクしているので、この5項は独禁法違反に発注者側の公務員が教唆したりほう助したりして共犯として関与することを、「入札談合等関与行為」としているのである。

なお、「特定法人」は同法2条2項で、「国又は地方公共団体が資本金の2分の1以上を出資している法人」「特別の法律により設立された法人のうち、国又は地方公共団体が法律により、常時、発行済株式の総数又は総株主の議決権の3分の1以上に当たる株式の保有を義務付けられている株式会社（前号に掲げるもの及び政令で定めるものを除く。）」のいずれかに該当するものを指す。**東京五輪談合事件**（第1章、第2章7などを参照）で同委員会の元次長の行為が同法上の問題にならなかったのは、同委員会がこの「特定法人」の射程外であったからである。

同法4条は「各省各庁の長等」[8]による当該職員に対する損害賠償の請求が、5条では「各省各庁の長等」による職員にかかる懲戒事由の調査が、6条では3条、4条にかかる各省庁の内部調査を行う職員の指定がそれぞれ定められている。7条には関係行政機関の連携協力についての規定が置かれている。これらの規定は全て、3条の射程とする「入札談合等関与行為」があったと公取委が認めて各省庁にアプローチがあった場合の規定であるので、全て公取委が所管する独禁法違反にリンクしている。

## 刑法上の犯罪を受けている

一方、官公庁等の職員の入札不正を犯罪として規定する8条は以下の通りとなっている（傍

8　「各省各庁の長等」とは、「各省各庁の長、地方公共団体の長及び特定法人の代表者」をいう（2条3項）

線部は筆者による強調）。

職員が、その所属する国等が入札等により行う売買、貸借、請負その他の契約の締結に関し、その職務に反し、事業者その他の者に談合を唆すこと、事業者その他の者に予定価格その他の入札等に関する秘密を教示すること又はその他の方法により、当該入札等の公正を害すべき行為を行ったときは、５年以下の懲役又は２５０万円以下の罰金に処する。

「当該入札等の公正を害すべき行為を行ったとき」という表現は、明らかに、刑法典の犯罪である公契約関係競売入札妨害罪（刑法96条の6第1項）の「公の競売又は入札で契約を締結するためのものの公正を害すべき行為をした」との表現を意識したものである。入札不正を特定して違反の類型としていない独禁法にはこのような表現を含む規定は存在しない。談合罪を規定する刑法96条の6第2項は「公正な価格を害し又は不正な利益を得る目的で、談合した者も、前項と同様とする」となっているが、この「公正を害すべき行為」の概念に含まれると考えられる。

官製談合防止法８条の規定は、独禁法違反を意識したものではなく（もちろんかぶる部分はあるが）刑法典の入札不正を意識したものである。刑法典の犯罪と官製談合防止法違反罪の違いは、その法定刑にある。すなわち前者の懲役刑が最大３年なのに対し、後者の

9　大原義宏「『入札談合等関与行為の防止及び防止に関する法律の一部を改正する法律』について」警察学論集60巻3号（2007年）50頁以下参照。96条の6第1項、第2項の罪と併せた解説として、神山敏雄他編著「新経済刑法入門［第2版］」（2013年）230頁以下（山本雅弘執筆）参照
10　そもそもこれらの罪についての保護法益論が「公務侵害」「競争侵害」「施行者等利益侵害」で分かれており判例もその立場がはっきりしない部分がある

それが5年であるということだ。つまり身分犯的な加重をしているのである。この罪は「その職務に反し」て実施されることが必要であり、公務に従事する立場の者がその職務に違背することを非難するという職務違背性・非違性に着目したものであるといわれており[9]、公契約関係競売入札妨害罪や談合罪とは保護法益が全て一致している訳ではない[10]。

## 重なり合う法益

とはいえ、入札の公正を害すべき行為を罰する点においてはこれらの罪と同じであり、法益は重なり合う[11]。法定刑の違いに着目して、保護法益については公契約関係競売入札妨害罪や談合罪と同様に保護法益を「競争」をベースに考えつつ公務に対する違背性・非違性を付加する形で読むか、あるいはその中間的な読み方をするか、辺りが落とし所となるだろうか。

1点留意しなければならない点は、公契約関係競売入札妨害罪においては「公の競売又は入札で契約を締結するためのもの」とされているところが、官製談合防止法においては「入札等の」となっており、同法は国や自治体の他、特定法人による入札などをその射程としている。そこでいう特定法人を2条2項で「国又は地方公共団体が資本金の二分の一以上を出資している法人」「特別の法律により設立された法人のうち、国又は地方公共団体が法律により、常時、発行済株式の総数又は総株主の議決権の三分の一以上に当たる株

11　(2006年改正時の)衆議院通商産業委員会での法律案提出者による趣旨説明では、「この罰則を入れて、しかも罰則に抑止力を入れて、5年というものを入れ(た)。…公の入札に限られておりました刑法の競売入札妨害罪、談合罪の適用(を)…この法律の中で入れ込んで、そして特定法人も適用対象にして行った…」と答弁されており、(現行)96条の6の罪をベースにしていることは明らかであり、その保護法益を全くの別物と考えることの方が困難であるといえる

式の保有を義務付けられている株式会社（前号に掲げるもの及び政令で定めるものを除く）」に限定しているということだ。この限定されたところの特定法人を含む官製談合防止法の射程と、公契約関係競売入札妨害罪等におけるそれとの重なり合いは、後者の「公の」の解釈によって異なることになる。法人の性格によるのか、国などの出資にひも付けるのか、業務の公務性を問題にするのか、視点は様々であろう[12]。

12 「○○の役員及び職員は、刑法…その他の罰則の適用については、法令により公務に従事する職員とみなす」という「みなし公務員規定」が置かれる場合、その公務性故に収賄関係のみならず公務の執行に対する罪（刑法第2編第5章）の成立が問題になろう

# 3 独禁法違反を前提にした規定創設の背景

## 刑事罰の射程外での対応

入札の不正に公務員が関与した場合、通常疑われるのが収賄である。日本の場合、必ずしも入札不正が贈収賄のケースに結び付くとも限らないし、むしろそうでないケースの方が多いと言ってもよい。公正取引委員会が毎年、作成・公表している報告書「入札談合の防止に向けて（2023年度版）」[13]に入札不正を働いた背景や要因を挙げている（次ページの図参照）。

このうち（1）（2）（3）（5）は発注機関のために行われるものであり、組織の利益に反して個人の利益を図るものでは必ずしもないが、競争の手続きを用いていながら競争を制限する合意が存在する以上、競争入札における競争制限を正当化するものではなく、企業側の独禁法違反は否定されない。しかしだからといって収賄に直に結び付くものではない。

また、（4）や（6）においても、そのような事実の存在だけを持って収賄の立証を行うのは困難である[14]。要するに、収賄罪の適用を待っていたのであれば、官製談合は必ずしも防止できないという事情がある。収賄とは切り離して、公務員の入札不正に関する特別の立

13　https://www.jftc.go.jp/dk/kansei/text_files/honbunr5.10.pdf
14　（6）の場合はいわゆる「天下り」として日本の官民の癒着構造として特徴的なものであるが、個別の業務の歪曲を長い先の将来の再就職の期待と結び付けるのは無理がある。結局予防的観点から、国家公務員法による再就職制限という形で対応している

法が必要だ、との認識が、官製談合防止法の立法者意思の背景にある。

## 立法の背景

今では官製談合防止法という法律をメディアで見聞きするとき、そのほとんどが同法違反罪として立件されたケースであり、都道府県警察の捜査２課、場合によっては東京や大阪の地検特捜部が登場する。この法律の制定当時は独禁法の法執行機関である公取委と各官公庁との関わりによる規定に限定されたものだった。

官製談合防止法が制定されたのは２００２年であるが、これは議員立法によるものだった。議員立法は政府立法に比べその時々の政治イシューを色濃く反映する傾向がある。当時、すなわち１９９０年代後半から２０００年にかけては日米構造問題協議を受けて独禁法の摘発が強化された時期であり、その

● 入札の不正を働いた背景や要因

(1) 地元業者の安定的・継続的な受注の確保や困難な事業に適切に対応できる専門的な事業者の育成など、業界や地元業者を保護・育成するため
(2) 信用確実な事業者へ委託し、品質を確保するため
(3) 発注機関からの要請によく応えていた従前の契約業者など、特定の事業者との契約を継続するため
(4) 入札関連情報や指名業者選定上の配慮などを求める事業者からの働きかけに応えるため
(5) 過去の取引実績の維持などにより、円滑な入札業務を確保するため（随意契約から入札への切替えによる混乱の回避を含む）
(6) 職員の再就職先を確保するため

入札談合の防止に向けて（2023年度版）から抜粋（出所:公正取引委員会）

主たるターゲットは入札談合であった。

公共契約が腐敗の温床と考えられているのは世界共通であるが、日本の場合、諸外国から「Ｄａｎｇｏ」とそのまま表記されるくらいに日本では談合が横行していたのは先述した通り。日本の公共契約における反競争的環境が貿易不均衡の源泉となっているという理解の下、入札不正の典型である入札談合がターゲットになっていた。その少なくないケースが官公庁主導のあるいは官公庁が関与したものだった。当然、企業側の合意だけでなく発注者側の問題にも関心が向くようになり、そこで登場したのが官製談合防止法だったのである。

２００２年の衆議院経済産業委員会で説明された立法趣旨は以下の通りである15。

本法律案が検討されるきっかけとなりましたのは、平成12年5月に公正取引委員会が排除勧告を行った北海道上川支庁発注の農業土木工事談合事件において、発注者側が受注者に関する意向を示していた等の事実が認められ、公正取引委員会が北海道庁に対して改善要請を行った事件であります。この事件を初め、昨今も発注者側が受注者側と結託して談合を行うことが見られるようになり、国、地方公共団体等の職員が受注者である民間事業者側の入札談合に関与する、いわゆる官製談合に対する社会的批判が高まったところであります。

このため、昨年3月より与党3党においてプロジェクトチームを設置し、官製談合を防止するための施策について検討を進めてまいったところであります。その検討過程に

15　第154回国会衆議院経済産業委員会第28号（2002年7月17日）

おいて示されたさまざまな意見を踏まえ、また、検討中に明るみに出て社会的批判を浴びた、国会議員秘書のいわゆる口ききなど昨今の公共工事をめぐるさまざまな事件において、例えば予定価格の漏えいなど、発注機関側に談合への関与について疑惑があることも踏まえれば、発注者も襟を正す意味で立法化が必要であるとの結論に達し、与党三党において議員立法として本法律案をまとめ、提出した次第であります。

この趣旨説明を行った自民党衆議院議員の林義郎（元大蔵大臣）は、官製談合防止法3条の改善措置要求の趣旨説明の中で、「通常の業務として、受注者である民間事業者側の入札談合の調査を行って（いる）」という事情を指摘している[16]。すなわち、公取委こそが談合防止のためにまずは何らかの形で組織的に動くべき主体であると考えていることになる。2002年の同法制定の段階では、公取委が入札談合を調査する一環で官製談合が明らかになった場合を念頭に置いているので、行政指導のレベルにおいても、独禁法違反を前提に公取委が全面的に関わるスキームを提示することは確かに自然な流れではある。

## 行政指導からの立ち上げ

同法3条のような規定がなくても公取委は非公式に談合に関与した発注担当者の所属する当該官公庁に指導できたが、法的根拠はなかったのでためらっていた。行政指導の法的根拠

16 第154回国会衆議院経済産業委員会第28号（2002年7月17日）

が存在するようになったことで、公取委は法の要請として積極的に指導できるようになった。加えて、調査の過程で公務員の談合への関与が明らかになれば実質上義務的な指導が求められることとなり、より効果的な官製談合への対応が可能になると考えられたのである。

官製談合にかかる行政指導の制度を構築するならば、独禁法を所管する公取委が関わることになる。日本には公共調達を所管する省庁はない。財務省は国の契約を規制する会計法を所管するがこの法律は入札不正を対象とするものではない。日本の会計検査院は事後的な会計検査は行うが入札不正を専門に扱う機関ではない。結局、談合を取り締まる公取委が最もストレートに不正の情報に接するので、行政指導の役割も担うのに相応しい機関として選ばれた。

独禁法は企業の競争制限行為を取り締まるものであり、公共契約の多くは事業活動にリンクしていないので発注機関は違反の主体である事業者とならないとの理解が一般的である[17]ことから、独禁法違反で発注機関に行政処分が及ばない。唯一残された手段が、独禁法違反を刑事事件として扱い、違反事業者に所属する個人を罰するとともに共犯として独禁法違反に関与した発注機関担当者を処罰することであるが、そもそも例外的にしか刑事告発されないので機動力に欠ける。そういった日本の独禁法の置かれた状況下では、発注機関及びその職員にまで独禁法の射程を及ぼすことは、独禁法それ自体では難しい。問題を起こした官公庁に対して、独禁法違反にリンクさせて公取委によるアプローチを可能にする新法が模索されるようになったのである。

---

17　都営芝浦と畜場事件最高裁判決（最判1989年12月14日民集43巻12号2078頁）は「事業者」の前提である「事業活動」について「なんらかの経済的利益の供給に対応し反対給付を反復継続して受ける経済活動を指（す）」との解釈を示したが、とすると公共調達の多くは国や自治体が事業活動の一環として調達活動を行っている訳ではないので、これら機関はそのほとんどのケースにおいて事業者ではない、ということになる

独禁法それ自体の改正ではなく新法の設立としたのは、特に理論面、制度面での強い理由があったからではなく、独禁法は政府立法で改正されるのが常なので、スピード重視ということで独禁法からはみ出す形での議員立法で模索したということだろう。

入札談合については、独禁法違反罪と刑法典上の談合罪が存在し、その共犯として発注者側職員を処罰できた。しかし談合罪が適用されるケースでは公取委は出てこない（例外的に個人が談合罪で、法人が独禁法違反罪で立件される場合はあるが）。官製談合防止法の構想が「公取委の関与ありき」だというのであれば、当然、独禁法違反にリンクしたものになる。

第6章

# 4 なぜ基となる法令が違うのか

## 2つの論点

なぜ行政指導にかかる規定と犯罪にかかる規定とで、その基となる法令が違うのか。言い換えれば、公正取引委員会の行政指導を根拠付ける法令である独禁法に違反した身分犯として8条を定めることができなかったのはなぜかということである。また、選択としては、刑法の改正による刑法典上の入札不正にかかる罪の身分犯規定の創設という手段もあったはずだ。あえて官製談合防止法3条違反の根拠たる独禁法違反と別の刑法典上の犯罪にリンクさせた新しい犯罪規定を創設した事情をどう説明すればよいのだろうか。

もともと官製談合防止法には8条の犯罪規定が存在しなかった。刑罰の規定が導入されたのは2006年であった。官製談合防止法が創設された2002年の時点では官製談合防止法は独禁法違反とリンクされた公取委が関わる立法として一貫していた。

後から置かれた犯罪にかかる規定は、公務員の関与を特別に処罰する規定を設けてその抑止力を狙いとしたことについては疑いのない事実だ。では、なぜ公共入札にかかる独禁法違反の身分犯として構成しなかったのか、そして既に存在していた刑法典の改正として、刑法

96条の6の犯罪への関与にかかる犯罪を追加する形で実施されなかったのか、以下考察してみよう。

## 独禁法違反に見いださない理由

前者についてはその主要な理由として、独禁法の刑事罰規定が機動性を失っていることが挙げられる。既に述べたように、公取委の告発がなければ検察が起訴できないという専属告発の制度が独禁法に存在し、それが刑事罰規定の運用を消極的な意味で決定的な役割を果たしている（その分、課徴金制度が積極運用されている）以上、独禁法違反の共犯として公務員を処罰することがほとんど期待できない。既に存在していた公取委による改善措置は独禁法違反に対する行政処分を前提として発動できるものなので機動性に欠けることはないが、独禁法上の刑罰となると大型事件にしか適用できないことになり、公共入札をターゲットにしたピンポイントでの違反抑止に対する柔軟性に欠けているのである。

そもそも専属告発の制度は、公取委の専門領域である独禁法においてはその専門機関にも刑事罰適用の第1次的判断を委ねるところに趣旨があるから、官製談合防止法において独禁法違反にリンクした犯罪を規定した場合、専属告発を外した立法は考え難い。公務員の関与に対する罪のみ専属告発を外す理屈は立たず、専属告発が外されないならば法執行は期待できない。

法定刑だけに注目するならば、入札談合を独禁法違反で罰する場合、その法定刑は「5年以下の懲役、500万円以下の罰金」であるので、独禁法違反の共犯として構成できるのであれば官製談合防止法違反罪それ自体の意義はなくなってしまうようにも見える。公的発注機関の幹部が独禁法違反の共同正犯として立件され有罪となった事件は存在する。1990年代の**下水道事業団事件**[18]と官製談合防止法改正の少し前の**日本道路公団発注の橋梁工事を巡る談合事件**[19]がそれである。独禁法違反の共犯という構成で公務員処罰を行えば、当時の法律をいじらずに（特別な立法や既存の法律の改正なしに）対応できたように思える。しかし公取委には荷が重く、公務員の犯罪と捉えれば都道府県警の方が整合性が強いということは1つの説明にはなるだろう。一方、議員立法である官製談合防止法ならば、「立法という政治的な成果」につながるという事情もあったのかもしれない。

## 刑法を改正しなかった理由

後者はどうか。この点については衆議院で議員立法を提案した与党議員が以下のように答えているこことがヒントになるだろう[20]。

今回は、刑法という、これは刑法は時間も掛かる…が、刑法というものではなくて、官製談合という法律でできた、先生方のおかげででき上がっているこの法律にこの罰則

---

18　東京高判1996年5月31日高刑集49巻2号320頁
19　東京高判2008年7月4日審決集55巻1057頁
20　第165回国会参議院経済産業委員会、（2006年12月7日）第7号（佐藤剛男発言）

を入れて、しかも罰則に抑止力を入れて、5年というものを入れ(た)。…公の入札に限られておりました刑法の競売入札妨害罪、談合罪の適用(を)…この法律の中で入れ込んで、そして特定法人も適用対象にして行った…。

「…公の入札に限られておりました刑法の競売入札妨害罪、談合罪の適用(を)…この法律の中で入れ込んで、そして特定法人も適用対象にして行った…」との発言は、官製談合防止法違反罪の主体である「職員」の所属先である「国等」に「特定法人」が入っていることを指している。「特定法人」(2条2項)については既に言及した。

一方、公契約関係競売入札妨害罪を規定している96条の6第1項にいう「公の入札」は、この「特定法人」を含むような解釈をしていない(96条の6第2項も「公の入札」を前提にしていることは明らかである)。

ここから分かる通り、官製談合防止法違反罪の創設は単に96条の6第1項、第2項の身分犯を定めただけではなく、これら条文が射程にしていないと解される「特定法人」をもその射程に含めるものであるところにその特徴がある。言い換えれば、特定法人の職員の入札不正への関与行為は、企業側職員においては、96条の6第1項、第2項の罪は成り立たないが、公務員側の関与のみが独立して犯罪になる余地を作り出しているということになる。この場合、企業側職員については官製談合防止法違反罪の共犯として処理され得るという「逆輸入」的な処理が実施される理論的余地はある。実際に受注者側職員について96条の6第1項の罪の他に官製談合防止法違反罪が認められた（発注者側職員については官製談合防止法違反罪とともに96条の6第1項の罪が認められた）ケースは実際に存在する。

与党議員の発言でもう1つ注目したいのが、「刑法は時間も掛かる」という内容だ。刑法は歴史を振り返ると政府立法として改正されてきたものであり、時間をかけて法務省において立案し、法制審議会にかけ慎重な検討が行われるものであることをこの発言は意味している、と考えるのが自然である。

# 5 入札談合とそれ以外の入札不正

## 官製談合防止法違反罪の特徴

独禁法違反罪ではなく刑法典上の入札不正にかかる犯罪の身分犯的規定（+「特定法人」への拡大）を官製談合防止法に新設するもう1つの理由は、官製談合防止法における公正取引委員会の改善措置の根拠となる独禁法違反が入札談合を念頭に置いているが、それでは不十分だという点だ。これまで何度も説明してきたように、入札不正は入札談合に限定されない。

官製談合防止法3条は明確に「当該入札に参加しようとする事業者が他の事業者と共同して」と記載されおり、事業者間による共同行為である入札談合を問題にしていることが分かる。入札談合への関与を犯罪としつつ、独禁法へのリンクを避けようとするならば、刑法96条の6第2項の談合罪を前提にした発注者側職員の関与罪という選択肢もあった。しかし入札不正は入札談合に限らない。刑法96条の6第1項が入札談合以外の入札妨害を犯罪としている。入札の公正を害すという意味では同じ類型なのだから、談合罪への発注者側の関与のみを官製談合防止法違反罪の射程とする合理的な根拠はない。そこで、刑法典より包括的な入札不正の罪を扱う第1項にリンクさせた罪が設けられたのである。

入札談合への公務員の関与のみを処罰する立法が実施されれば、入札談合以外の入札不正への公務員の関与に対する処罰はなぜ刑法典の犯罪の共犯として扱われるにとどまるのか、の合理的説明が必要だが、それは困難である。刑法96条の6は第1項、第2項ともに同じ法定刑が定められているのに、公務員が関わった場合は法定刑を異にする理屈が立たないことになる。結果、刑法96条の6の第1項、第2項を包括する形で公務員の関与を処罰する立法が実施されたということだろう。

## 「抜け駆け」型も対象に

特定の企業のみを有利に扱う「抜け駆け」型の不正も独禁法違反として構成できる余地はある。**パラマウントベッド事件**のように排除型私的独占の構成も、**農林水産省東北農政局事件**のように取引妨害の構成もある[21]。しかし後者はそもそも刑事罰の対象ではないし、前者はそうではあるが歴史上刑事事件となったケースはなく実務として期待できない。結局、公契約関係競売入札妨害罪にリンクさせることが収まりのよい帰着点となった。

こうして、2つのいびつな構造が官製談合防止法に出来上がることになった。1つが、行政指導のレベルでは独禁法違反にリンクした法的根拠を与えつつ、刑罰においては刑法典にリンクした構成要件が設定されたということであり、もう1つが、行政指導のレベルでは入

21　両事件につき、本著第3章参照

札談合への関与のみが射程になっているのに対し、刑罰のレベルでは広く入札不正への関与が射程になっているということである。

結果、行政指導のレベルでは公取委が関わり、他方刑罰のレベルでは公取委はプレイヤーとしては登場しない。公取委の告発は検察による起訴の要件とされていない。警察、検察が公取委の判断とは無関係に単独の判断で立件できるし、実務上、公取委と都道府県警、そして検察庁が連携するかどうかはケースバイケースであろう。

## 非談合型を除外する理由はない

刑法96条の6第1項に定める公契約関係競売入札妨害罪に該当する企業側の行為を独禁法違反として構成する規定は幾つかあるが、官製談合防止法上の公取委による改善措置の対象行為の射程には入っていない。しかしこれら非談合型の入札不正をあえて除外する合理的な理由はないはずだ。確かに現行法が公取委の改善措置の射程とする独禁法違反は入札談合にかかる3条と8条1号の違反という、いずれも独禁法上の刑事制裁対象行為であり、制度上、あるいは実務上刑事制裁の対象外に置かれている独禁法違反の類型は除外されている。

しかし改善措置の要求は行政指導として行われるものであって、刑事罰の対象となる行為に限定される必然性はないはずである。そもそも過去の14件（2024年9月末時点）の改善措置要求のケースの多くは独禁法上の刑事事件になっていない。公取委による改善措置要求である以上、根拠となる法令違反が独禁法のそれであることは確かに必要だとしても、その射程が刑事制裁にリンクしている類型に限定される理由はないのである。8条の刑事罰が非談合型の入札不正も射程に入れていることとつじつまを合わせ、公取委の改善措置要求の射程も非談合型の違反に拡大することは、今後の立法論上の課題となるだろう。

第3章で触れた**農林水産省東北農政局事件**は、不公正な取引方法の規制違反だった。これについては官製談合防止法上、公取委が関与する規定は存在しない。独禁法3条と8条1号の違反を構成する「入札談合等」が対象になっているからである。しかし、公取委はこの事件において、農水省に対して、その職員の「技術提案書の添削」「技術評価点及び順位（未公表情報）の教示」などの行為が、「独禁法違反行為を誘発又は助長するおそれのある行為であるとともに、競争入札の制度趣旨を没却する行為であるとして、再発防止の措置を講じること」を要求している[22]。

これは官製談合防止法の射程ではない行政指導である。官製談合防止法3条1項は「公正取引委員会は、入札談合等の事件についての調査の結果、当該入札談合等につき入札談合等関与行為があると認めるときは、各省各庁の長等に対し、当該入札談合等関与行為を排除するために必要な入札及び契約に関する事務に係る改善措置…を講ずべきことを求めることができる」と定めており、2条4項で、「入札談合等」を、国や自治体などの公共機関が「入札、競り売りその他競争により相手方を選定する方法…により行う売買、貸借、請負その他の契約の締結に関し」て実施される独禁法3条、8条1号としての競争制限行為である、と定義

22　公正取引委員会「株式会社フジタに対する排除措置命令等について(2018年6月14日)」第3参照(https://www.jftc.go.jp/houdou/pressrelease/h30/jun/180614_10.html)

している。しかし独禁法違反となる入札不正はより多くのバラエティーがある。官製談合防止法上、これらの独禁法違反に限定する理由もない。「公共入札」に関連する独禁法上の不正を広く扱えるように見直すことはさほど難しくもあるまい。刑法典上の入札不正も多くが談合罪該当行為ではなく、特定の企業を不当に優遇する公契約関係競売入札妨害罪該当行為が目立っている状況を考えれば、官製談合防止法3条や7条の対象の拡大を考えるべきだろう。

# 6 法執行の状況と今後の課題

## 行政指導型の法運用は1年に1件あるかないか

再度確認しておきたいのは、官製談合防止法3条に基づく改善措置要求は、独禁法違反の中でも企業間の競争制限の合意である入札談合を扱う3条違反と、8条1号違反を扱うものであり、これら違反が認定された場合にのみ発動されるものである。2003年に初めて適用されたケースが現れて以降、公正取引委員会が2023年10月に公表した報告書[23]に掲載されている件数は計14件であり、直近のケースは2019年7月の東京都への改善要求、その前は2014年3月の鉄道建設・運輸施設整備支援機構への改善要求である。約20年で15件にも満たない件数をどう見るか。この数値だけで評価するのは早計だが、刑罰規定である8条については、2021年から2023年の途中段階である3年弱の期間で公取委が把握しただけでも20件となっており、その多くが特定の企業を競争入札において有利にするための情報漏洩のケースである。

入札談合という企業間の競争制限行為は確かに、官製談合防止法が制定された当時の関心事ではあったが、官公庁職員が関与する入札不正の多くは入札談合ではなく、情報漏洩を典

23　公正取引委員会「入札談合の防止に向けて ～独占禁止法と入札談合等関与行為防止法」36頁以下より

型とした特定企業への便宜という非入札談合タイプの入札妨害であるということだ[24]。官製談合防止法の法執行においては公取委のプレゼンスが低下し、警察や検察による（刑罰適用という）法執行がメインストリームとなっている現状は、以下の点について新たな問題を喚起するものであるといえよう。

## 談合だけではないはず

入札談合以外の入札不正としては、例えば、既に何度か触れたように、特定企業と癒着した発注者職員が総合評価型の競争入札において提案書作成にかかる協力を不正に行ったことが取引妨害として企業側に不公正な取引方法規制違反が成立したケースがある（第3章で触れた**農林水産省東北農政局事件**）。このケースは、企業側の入札談合が認定されなかったので官製談合防止法における行政指導の射程外だが、企業側職員に公契約関係競売入札妨害罪が成り立つとも言える。とするならば、発注者職員にも公契約関係競売入札妨害罪などが成り立ち得るものでもあった。なぜ警察、検察が同法違反で立件しなかったかは不明であるが、可能性としては公取委が一旦手を付けた行政処分の事件に、別の法律で違う法執行機関が関与するのをためらった（自らの所掌ではないというマインドが形成された）という「縄張り、シマ」意識が影響したとも考え得る。

なお、特定の企業が競争入札の前に発注者職員とコンタクトして自らに有利な技術仕様を

---

24 楠茂樹「最近における入札談合事件をめぐって」公正取引809号（2018年）2頁以下

盛り込ませたことが私的独占規制違反に問われた**パラマウントベッド事件**もある（第3章参照）。このケースは発注者側の不正な関与は認定されていないが、もしそうであればやはり官製談合防止法の刑事事件として扱われ得るものであったといえよう。

第7章

# 随意契約論

# 1 使い勝手の悪い随意契約

## 温床の不正

随意契約は不正、癒着の温床といわれることがある。競争性のない特命随意契約は、当初から交渉相手として特定の企業を絞り込む。そのため、その絞り込みの過程が不透明だと、発注者の恣意が働きやすく、個人的な利益動機に導かれたり、そういった企業とつながりのある首長や議員の意向に導かれたりするという懸念が持たれている。実際にそんなケースは枚挙にいとまがない。しかし、ここで強調しておきたいのは、今では各発注者は随意契約の理由が立ち、あるいは随意契約をすべき状況下においても、自らの潔癖を示すために、競争入札、とりわけ一般競争入札を強引に実施しようとする傾向があるのではないか、ということである。

随意契約が妥当な場面であってもあえて競争入札を選択するということは、安易に1者応札を招くこととなり、行政コストを無駄に増やしかねない。さらに、競争入札であっても入札参加資格の設定などで特定の企業を不当に有利にしたり不利にしたりすることが可能だ。何も随意契約だけが不正の温床という訳ではない。

随意契約を回避したいマインドが体裁としての競争入札を生み出し、それが結果として入札不正を誘発している事実はもっと強調されるべきである。競争入札を選択しておきながら意中の企業がいる場合、その企業が落札しやすい条件を設定してしまうリスクが生じる。入札参加資格などを恣意的に操作すれば、公契約関係競売入札妨害罪や官製談合防止法違反罪のリスクを生じさせる。仮に個別入札における競争の結果に影響しないとしても、それは通用しない。競争入札に対する公衆の信頼が傷付けられればそれで「公正を害すべき行為」となってしまうというのは、第4章で見た通りである。

こうした状況を生み出す背景は随意契約の評判の悪さだけではない。そもそも随意契約自体が使い勝手が悪い、手続きが面倒といった事情も併せて考える必要がある。

発注機関にとって随意契約が柔軟に利用できればそれに越したことはない。そう願う関係者も多いはずだ。そもそも自由市場に向き合っている民間企業ならば、調達活動で自由市場をどう生かすかは企業の判断に委ねられる。随意契約を多用しても、それが合理的だと判断すればそれは経営判断であって、背任のような問題が生じない限り自由であり、全ては結果責任である。

## 公共契約ゆえの制約

しかし、公共契約は違う。というのは、調達活動で自由市場を利用できても、発注機関は自由市場に直面していないからだ。組織運営が非効率であっても「市場からの退出」を余儀なくされることがないため、公金支出における効率化の作用が働きにくい。それが公共なのである。だからこそ調達活動においては可能な限り競争的な手法によることが求められ、会計法や地方自治法は競争入札を原則とし随意契約を例外とした（ここでいう随意契約とは特命随意契約を念頭に置いている）。

発注機関が競争入札の体裁にこだわるのは随意契約が批判されやすく、競争入札であれば自らの行動の正当性が得られやすいからという見方は部分的には当たっているだろう。一方で、そもそも随意契約が適用できる場面に限界があって、その硬直性ゆえに合理性に乏しい競争入札を利用せざるを得ないケースもあり得るということは意識しておくべきだろう。

随意契約の場合、その理由が立たなければならない。これが発注者にとって高いハードルになる。会計法上、随意契約は2つの場面で可能となっている。29条の3の規定である。その第4項、第5項は次の通り定めている。

4　契約の性質又は目的が競争を許さない場合、緊急の必要により競争に付することができない場合及び競争に付することが不利と認められる場合においては、政令の定めるところにより、随意契約によるものとする。
5　契約に係る予定価格が少額である場合その他政令で定める場合においては、第1項及び第3項の規定にかかわらず、政令の定めるところにより、指名競争に付し又は随意契約によることができる。

地方自治法、地方自治法施行令にも同様の規定があるが、混乱を招きやすいのは地方自治法施行令においては「緊急の必要により競争入札に付することができないとき」「競争入札に付することが不利と認められるとき」（167条の2第1項5号、6号）は「随意契約によることができる場合」として定められているという点である。「できる」と定められてはいるが、合理的に考えて選択的ではなく必要的なものと考えるべきだろう（「緊急の必要により競争入札に付することができないとき」にも競争入札が選択できるというのは論理的に考えて無理がある）。同様に、契約の「性質又は目的が競争入札に適しないものをするとき」についての定め（167条の2第1項2号）が存在し、これも「随意契約によることができる場合」として規定されているが、会計法における29条の3の規定「契約の性質又は目的が競争を許さない場合」に相当するものといえ、会計法同様に、随意契約は必要的なものと考えるべきだろう。

## 悩ましい条文

第4項の規定に対応する予決令の規定は後で述べることとして、第4項、第5項に共通する予決令の条文を2つ挙げておく。

99条の5　契約担当官等は、随意契約によろうとするときは、あらかじめ第80条の規定に準じて予定価格を定めなければならない。

99条の6　契約担当官等は、随意契約によろうとするときは、なるべく2人以上の者から見積書を徴さなければならない。

99条の5が定める予定価格の決定については、交渉の結果、当事者が納得した額で予定価格を組めば足りるので、実務上の支障にはならない。99条の6は主として会計法29条の3第5項の少額随意契約を念頭に置いたもので、「契約の性質又は目的が競争を許さない場合、緊急の必要により競争に付することができない場合及び競争に付することが不利と認められる場合」に見積書を複数入手するというのは現実的ではないが、形式上は29条の3第4項にいう随意契約にも当てはまる。

会計法29条の3第5項に該当する随意契約は予決令99

●随意契約を用いるケース

| | |
|---|---|
| 一 | 国の行為を秘密にする必要があるとき。 |
| 二 | 予定価格が250万円を超えない工事又は製造をさせるとき。 |
| 三 | 予定価格が160万円を超えない財産を買い入れるとき。 |
| 四 | 予定賃借料の年額又は総額が80万円を超えない物件を借り入れるとき。 |
| 五 | 予定価格が50万円を超えない財産を売り払うとき。 |
| 六 | 予定賃貸料の年額又は総額が30万円を超えない物件を貸し付けるとき。 |
| 七 | 工事又は製造の請負、財産の売買及び物件の貸借以外の契約でその予定価格が100万円を超えないものをするとき。 |

第99条から一部を抜粋(出所:予決令)

条にそのラインアップが掲載されている（右ページの図参照）。頻繁に用いられるのは2号以下の少額随意契約であろう。

そして、実務を悩ませるのが次の2つの条文である。

99条の2　契約担当官等は、競争に付しても入札者がないとき、又は再度の入札をしても落札者がないときは、随意契約によることができる。この場合においては、契約保証金及び履行期限を除くほか、最初競争に付するときに定めた予定価格その他の条件を変更することができない。

99条の3　契約担当官等は、落札者が契約を結ばないときは、その落札金額の制限内で随意契約によることができる。この場合においては、履行期限を除くほか、最初競争に付するときに定めた条件を変更することができない。

99条の2はいわゆる不調・不落随意契約を指している。応募者、応札者のいない不調のケースや再度入札でも不落となるケースでは、応札者、落札者がいないのだから、随意契約に切り替えて相対で交渉するというのが当然の要請である。しかし悩ましいのが、その条件、すなわち「契約保証金及び履行期限を除くほか、最初競争に付するときに定めた予定価格その他の条件を変更することができない」という規定である。特に予定価格を変更できない点がネックとなる。不調にせよ、不落にせよ予定価格などの条件が合っていないがゆえの不調や不落であれば、予定価格などの条件を変えなければ受注企業を探すことが困難になるが、そういった事情に法令が対応していない。地方自治法及び同施行令においても同様である（地方自治法234条2項、同施行令167条の2各項参照）。

ここで仮に、不調・不落のケースにおいては無理に競争入札を実施しても企業の応募を期待できず、また予定価格など同じ条件では応募する企業が現れても有効な応札が期待できないと判断されるときは、会計法29条の3第4項の「契約の性質又は目的が競争を許さない場合、緊急の必要により競争に付することができない場合及び競争に付することが不利と認められる場合」に該当すると考えて、こちらの手続きによる随意契約として考えることができないだろうか。これは発注機関にとっては使い勝手のよい規定のように思われる。加えて、この規定は「随意契約によるものとする」という結論になっているので、該当する場合は随意契約が義務付けられるということになる。

## 財務大臣との協議

しかし、このような一般条項には法的制約が伴う。それが予決令102条の4である。そこには次ページの図の通り定められている。

誰も応募、応札しない不調や応札者はいても落札者のいない不落になったからといって、再度公告、再度入札において「契約の性質若しくは目的が競争を許さない場合」になる訳ではない。「緊急の必要により競争に付することができない場合」かどうかは事情による。不調・不落時に再度公告、再度入札しても有効な応募者、応札者は期待できない場合はあるだろう。その場合、「競争に付することを不利と認めて随意契約によろうとする場合」として扱えそうだ。

しかし、102条の4第4項に列挙するケースのいずれかに該当しないと財務大臣との協議が必要になってしまう。

「現に契約履行中の工事、製

●随意契約の法的制約の規定

> 各省各庁の長は、契約担当官等が指名競争に付し又は随意契約によろうとする場合においては、あらかじめ、財務大臣に協議しなければならない。ただし、次に掲げる場合は、この限りでない。
>
> （中略）
>
> 三　契約の性質若しくは目的が競争を許さない場合又は緊急の必要により競争に付することができない場合において、随意契約によろうとするとき。
>
> 四　競争に付することを不利と認めて随意契約によろうとする場合において、その不利と認める理由が次のイからニまでの一に該当するとき。
>
> イ　現に契約履行中の工事、製造又は物品の買入れに直接関連する契約を現に履行中の契約者以外の者に履行させることが不利であること。
>
> ロ　随意契約によるときは、時価に比べて著しく有利な価格をもつて契約をすることができる見込みがあること。
>
> ハ　買入れを必要とする物品が多量であつて、分割して買い入れなければ売惜しみその他の理由により価格を騰貴させるおそれがあること。
>
> ニ　急速に契約をしなければ、契約をする機会を失い、又は著しく不利な価格をもつて契約をしなければならないこととなるおそれがあること。
>
> （中略）
>
> 七　第99条第1号から第18号まで、第99条の2又は第99条の3の規定により随意契約によろうとするとき。

（出所：予決令102条の4）

造又は物品の買入れに直接関連する契約を現に履行中の契約者以外の者に履行させることが不利であること」は「工事現場の同一性」といった厳しい条件をクリアできないといけない。その他の場面は随意契約を結ばなければ発注者は相当不利な条件をのまされることが予想される特殊な場面が想定されている。

不調・不落時において際限なく入札を繰り返しても有効な競争が期待できず、緊急随意契約が認められるまで時間がかかるというだけならば、「競争に付することを不利と認め」る場面にはなろうが、財務大臣との協議を不要にする場面には足りない。不調・不落時における随意契約は同条7項によって財務大臣との協議の対象外になっているが、予定価格などの制約があり実効性に乏しい。結局、発注者はやりようがなくなってしまう。

## WTO政府調達協定にも

WTO(世界貿易機関)-政府調達協定(GPA)に対応した政令にも同種の規定が存在する。国の契約については「国の物品等又は特定役務の調達手続の特例を定める政令」がWTO-GPAを前提とした国の調達手続きを規律している[1]。随意契約によろうとする場合について次の条文が置かれている(次ページ参照)[2]。

ここから分かることは、緊急随意契約の他、工事の同種性を損なわない限りにおいて当初契約の一定比率を超えない金額増加を伴う契約変更については、その必要性に応じて随

1 自治体については「地方公共団体の物品等又は特定役務の調達手続の特例を定める政令」が対応している

2 特に第4号に注目したい。この枠内を超える随意契約は面倒な手続きになってしまうので、会計法令上何も規定がない契約変更によることが(形式上、法令には抵触していない、という)表面上のコンプライアンス活動が誘発されてしまいかねない。本来であれば、契約変更のルールを厳格に決めて、それを超えるものは透明な手続きによって別契約を結ぶという発想になるはずだが、面倒を嫌うというマインドだとあるべき姿から乖離することになる

● 国の随意契約に関する条文

第12条　各省各庁の長は、契約担当官等が特定調達契約につき随意契約によろうとする場合においては、あらかじめ、財務大臣に協議しなければならない。ただし、次に掲げる場合において随意契約によろうとするときは、この限りでない。

一　他の物品等をもつて代替させることができない芸術品又は特許権等の排他的権利に係る物品等若しくは特定役務の調達をする場合において、当該調達の相手方が特定されているとき。

二　既に調達をした物品等（以下この号において「既調達物品等」という。）の交換部品その他既調達物品等に連接して使用する物品等の調達をする場合であつて、既調達物品等の調達の相手方以外の者から調達をしたならば既調達物品等の使用に著しい支障が生ずるおそれがあるとき。

三　国の委託に基づく試験研究の結果製造された試作品等の調達をする場合

四　既に契約を締結した建設工事（以下この号において「既契約工事」という。）についてその施工上予見し難い事由が生じたことにより既契約工事を完成するために施工しなければならなくなつた追加の建設工事（以下この号において「追加工事」という。）で当該追加工事の契約に係る予定価格に相当する金額（この号に掲げる場合に該当し、かつ、随意契約の方法により契約を締結した既契約工事に係る追加工事がある場合には、当該追加工事の契約金額（当該追加工事が2以上ある場合には、それぞれの契約金額を合算した金額）を加えた額とする。）が既契約工事の契約金額の100分の50以下であるものの調達をする場合であつて、既契約工事の調達の相手方以外の者から調達をしたならば既契約工事の完成を確保する上で著しい支障が生ずるおそれがあるとき。

五　緊急の必要により競争に付することができない場合

六　前条第1項の規定により随意契約によることができる場合

2　契約担当官等が特定調達契約につき随意契約によろうとする場合においては、予算決算及び会計令第102条の4の規定は、適用しない。

（出所:国の物品等又は特定役務の調達手続の特例を定める政令）

意契約によっても財務大臣との協議が不要になっている。これは裏を返せばこれら以外の政府調達案件における随意契約は財務大臣との協議が必要であり、自然に考えてこれは「個別協議」ということになる。総合評価落札方式の採用のケースのように「包括協議」という手法もあるが、財務大臣との間で、「契約の性質又は目的が競争を許さない場合」「競争に付することが不利と認められる場合」についてのガイドラインを協議するのは容易なことではなかろう。こうした随意契約のハードルの高さが、決して望まない競争入札の強引な実施を導き、勢い不正を招くこともある。一方で、柔軟に対処しようと思えば、契約内容の同種性の疑義が生じそうな場合であっても既存の契約を変更するという形で対処しようという、ある種の「脱法的な」な方法に依存せざるを得なくなる懸念を生じさせる。

## ためらう自治体

一方、自治体においては国に対する予決令のような厳しい制約はない[3]。地方自治法施行令167条の2第1項は随意契約ができる場面を列挙しているが、そのうちの2号は「不動産の買入れ又は借入れ、普通地方公共団体が必要とする物品の製造、修理、加工又は納入に使用させるため必要な物品の売払いその他の契約でその性質又は目的が競争入札に適しないものをするとき」と定め、6号は「競争入札に付することが不利と認められるとき」と定めているが、法令上、これらの場面について手続き上の制約は定められていない。では、これ

3 「地方公共団体の物品等又は特定役務の調達手続の特例を定める政令」には、同様の場面において国の規律と同種の規定が存在するが、財務大臣との協議を求める規定に相当する規定は存在しない

●随意契約ができる場面（最高裁判決）

> 同項1号（現2号）に掲げる「その性質又は目的が競争入札に適しないものをするとき」とは、原判決の判示するとおり、不動産の買入れ又は借入れに関する契約のように当該契約の目的物の性質から契約の相手方がおのずから特定の者に限定されてしまう場合や契約の締結を秘密にすることが当該契約の目的を達成する上で必要とされる場合など当該契約の性質又は目的に照らして競争入札の方法による契約の締結が不可能又は著しく困難というべき場合がこれに該当することは疑いがないが、必ずしもこのような場合に限定されるものではなく、競争入札の方法によること自体が不可能又は著しく困難とはいえないが、不特定多数の者の参加を求め競争原理に基づいて契約の相手方を決定することが必ずしも適当ではなく、当該契約自体では多少とも価格の有利性を犠牲にする結果になるとしても、普通地方公共団体において当該契約の目的、内容に照らしそれに相応する資力、信用、技術、経験等を有する相手方を選定しその者との間で契約の締結をするという方法をとるのが当該契約の性質に照らし又はその目的を究極的に達成する上でより妥当であり、ひいては当該普通地方公共団体の利益の増進につながると合理的に判断される場合も同項1号に掲げる場合に該当するものと解すべきである。そして、右のような場合（上記の場合）に該当するか否かは、契約の公正及び価格の有利性を図ることを目的として普通地方公共団体の契約締結の方法に制限を加えている前記法（地方自治法）及び令の趣旨を勘案し、個々具体的な契約ごとに、当該契約の種類、内容、性質、目的等諸般の事情を考慮して当該普通地方公共団体の契約担当者の合理的な裁量判断により決定されるべきものと解するのが相当である。

（出所：民集41巻2号189頁）

らの場面に該当する状況とはどのようなものか。「その性質又は目的が競争入札に適しないもの」の射程については1987年の最高裁判決（**旧福江市ごみ焼却場建設工事を巡る住民訴訟事件**）[4]の先例が存在する。前ページの図で見たように判例は自治体の裁量を大幅に認めている。

しかし自治体の中には、この最高裁判決の存在を前にしても随意契約の利用をためらうところがある。ある自治体の随意契約に関わる考え方では、前記最高裁判決に触れつつ、下図のように解説している[5]。

この基本スタンスは、「最高裁の示した基準を忠実に適用し、随意契約の方法によって特定の業者と契約を締結したことにつき、契約担当者に裁量権

● 大阪市随意契約ガイドライン

大阪市随意契約ガイドライン

平成28年6月

大　阪　市

随意契約の公正性・経済性確保並びに恣意性の排除はもとより…学者の意見や懸念あるいは最判昭62・3・20 以後の下級審の違法判決がでているなか、随意契約に対する市民目線が非常に厳しい状況にあることや訴訟リスク等を勘案すると、当該最高裁判例にある契約担当者の裁量の範囲は緩やかに解釈するのではなく、むしろ厳格に解するべきものと考え、随意契約（いわゆる2号随契）の適用を検討するにあたっては慎重な立場をとる必要がある。

（出所:大阪市）

4　最判1987年3月20日民集41巻2号189頁
5　大阪市Webサイト参照（https://www.city.osaka.lg.jp/keiyakukanzai/cmsfiles/contents/0000260/260879/78zuikeigaidorain280615.pdf）

の範囲の逸脱、濫用がない限り当該判断を支持するというスタンスをとっている判決がある。また、裁量権の逸脱・濫用などの理由により随意契約を締結したことが違法とされた判決もでている」という事実認識を前提に、最高裁判決に対して批判的な学者の見解を踏まえたものだ。要するに、随意契約の合理性の判断において誤りが生じる可能性を捨て切れない以上、保守的に原則通りの運用を行うべきだという、ある意味行政らしいものの考え方が反映されていると言えよう。法的には2号随意契約にかかる規定は「随意契約ができる」場合についての規定であるから、裏を返せば「しなくてもよい」場面である。その当否は各発注機関の判断に委ねるべきものであって、それは民主主義の手続きが解決するしかない。

住民からの批判をできる限り避けようという行政のマインドは自然なものだ。ただ、随意契約ができる場面ということは、「競争入札に適しないもの」であるにもかかわらず競争入札を選択して発注機関に何らかの損害が発生する場合もある、という点には留意しなければならない。随意契約が裁量を逸脱して違法になる場面があるならば、競争入札の利用を強行することでその裁量を逸脱して違法になる場面もまた生じ得る。

# 2 1者応札、不成立の懸念と競争入札

## 競争入札の強引な実施

1者応札が予想されるケースでも競争入札を実施する。これが多くの発注機関の対応である。「競争の余地がないとは言えない」というのがその理由だ。国の場合、そもそも手続き的に制約が多過ぎる。しかし結果、1者になるとそれはそれで不正や癒着の疑いがあると言われかねない。

最近では、1者応札はかつての随意契約と同じように改善の対象として指摘されている。例えば、行政改革推進会議の「令和4年度調達改善の取組に関する点検結果」（2023年10月27日）では「競争参加者の増加を図る

● 令和4年度調達改善の取組に関する点検結果（2023年10月27日）

令和４年度調達改善の取組に関する点検結果

令和５年10月27日
行政改革推進会議

国の契約は、原則として、競争に付さなければならないとされている。競争入札における応札者数は、その時々の経済情勢や市場の需給等、様々な要素により左右されるものの、同種の入札に1者応札が続く場合、特に、同一事業者が受注を繰り返す場合には、競争が働かないことによる調達価格の高止まりが生じる懸念がある。このため、各府省庁は、1者応札となった契約について要因の把握と分析に努め、その改善を図った上で、受注可能な事業者の調査や新規参入者への情報発信等、競争参加者の増加を図る必要がある。

（出所:行政改革推進会議）

必要がある」との記述がある。

会計検査院も何度となく1者応札の実態を指摘し、その改善を求めてきた。しかし、1者応札が続くからといって随意契約に切り替えることにはためらう。今触れた行政改革推進会議の点検結果でも、随意契約への切り替えを求めるものになっていない。そこで、発注機関にある種の不安が生じることになる。改善の見込みが少ない1者応札を続けることが行政改革推進会議や会計検査院から敵視され、しかし随意契約にも切り替えられないので、競争入札を選択し続ける。結果、何年も連続で1者応札を招くという悪循環が生じる。

## ダミー応札の声がけ

そこで、競争の体裁を作出しようとして受注する意欲も見込みもない企業に声かけして、形だけ応募、応札してもらおうとする発注機関が出てくる。しかし、これは国民の競争に対する信頼を傷付ける妨害行為であり、「入札（等）の公正を害すべき」ものとして、官製談合防止法違反や刑法の公契約関係競売入札妨害罪の問題にされかねない。個別の入札における競争の結果に影響を与えなければ、犯罪にはならないという理屈はもはや通用しない。令和に入ってからの高裁判決（第4章で紹介した**国循事件**）が示唆するところである。

不成立のリスクは発注機関にとって避けたい事態であるが、それだけでは会計法や地方自治法は競争入札を回避させる正当理由にはならない。1者しか応札可能な企業が存在しない場合には随意契約の理由は成り立つが、応札可能な企業が複数いる場合、そうはいかない。悩ましいのが緊急随意契約というほどまでの時間的制約はないものの、国際イベントのように失敗できない調達で、かつ調達にかかる時間的ロスは極力避けたいケースである。その時点でのロスがその後の計画に重要な悪影響を与えかねない場合、どうするか。計画的に特命随意契約ができれば確実性は向上する。その場合、「競争に付することが不利と認められる場合」「その性質又は目的が競争入札に適しないものをするとき」について、その裁量で判断することに担当者はためらう。

形式上は民間の調達だった**東京五輪談合事件**は、随意契約を模索した上での競争入札の採用が疑惑を招く要因を作ってしまったケースである。計画と調整が重視される国際イベントなのにもかかわらず、公金が入っているからと公共契約に準じて強引に競争入札類似の契約者選定手法を利用した。その方式が決定される以前において、一部企業との間で応札希望などについてやり取りがあったが、それが水平方向、すなわち企業間での競争制限を招き、そこに発注者側幹部が関わった、公共契約でいう官製談合の構図を当局側に抱かせてしまったのである（そもそも企業間での合意の存在自体が論点とされている事件である）。随意契約を念頭に置いた情報の交換を行っているのであれば、随意契約を選択すればよかったのであって、会計法のような厳格な縛りがない民間発注であるのにもかかわらず、組織委員会がこのような一貫しない行動をしたがゆえに生じた不幸と言えよう。

## 3 説明が容易な随意契約に注意

### 警戒の対象

ここ4半世紀の公共契約改革で随意契約は「警戒の対象」となった。指名競争と共に随意契約は不正の温床であると言われ続け、今では公共発注機関は随意契約が妥当な場面であっても、会計法令上の「随意契約の理由付けが立たない」との理由で、強引に一般競争に持ち込むケースが多くなったように思われる。競争入札をしていれば悪く言われないという安心感からか、強引に競争入札をして「1者応札」になったり応札者が現れず「不成立」になったりするケースが少なくない。行政コストや時間的制約を無視できれば問題は小さいだろうが、そうではない場合、無視できない問題を引き起こす。

ただ公共発注機関が随意契約を完全にやめたか、というとそういう訳ではない。行政にとって避けたいのは「外部からの批判」であって、説明が面倒なものはできる限りしたくないというマインドが働く。だから色々批判される随意契約をためらう。しかし、このことは裏を返せば、「説明が容易なもの」には躊躇（ちゅうちょ）しないことを意味するものでもある。少額の随意契約がそれだ。少額の随意契約は法令上も「はっきり」と認められているので、この枠に入ればチェックは甘くなる。そこにコンプライアンス上の落とし穴がある。

## 少額随契のわな

２０２１年の**国土交通省九州地方整備局発注のクレーン修理業務汚職事件**[6]では、国土交通省九州地方整備局が発注したクレーン修理業務において、同局職員が修理業務を複数回に分けて少額随意契約の対象とし、特定企業に発注し続けその見返りを受け取った事実が収賄罪に問われた。これを受けて立ち上げられた委員会による報告書、「九州地方整備局発注業務にかかる不正事案再発防止に関する報告書」(２００１年12月20日)では、少額随意契約に対するチェック体制の甘さなどが指摘されている[7]。

随意契約はチェックが厳しい。説明責任が重いので、できれば避けたい。競争入札で１者応

● クレーン修理業務汚職事件の概要

**[事件の概要]**

2021年8月22日、九州地方整備局下関港湾空港技術調査事務所係長が、関門航路事務所係長在職中の20年11月から21年2月にかけて、同事務所が保有する船舶に搭載されたクレーン修理業務の発注を巡り、職務に反して、特定の事業者が受注できるよう便宜を図った見返りに数十万円相当の電化製品を受け取ったとして、刑法違反(収賄罪)の容疑で逮捕された。

**[再発防止策]**

①コンプライアンス意識の一層の浸透
②事業者等との接触に関するルールの遵守
③海洋環境整備船等の修理等専門性の高い業務の標準化
④風通しが良く、不正の芽を見逃さない職場環境づくり

九州地方整備局発注業務にかかる不正事案再発防止に関する報告書から抜粋
(出所:九州地方整備局発注業務にかかる不正事案再発防止対策検討委員会)

6 各種報道参照
7 国土交通省Webサイト(https://www.qsr.mlit.go.jp/site_files/file/s_top/soumu/huseiboushi/211220/houkokusyo.pdf)

札になった場合も最近は色々言われるが、随意契約に対する批判よりもまだ軽いと思われているようだ。それはそれで問題だが、さらに問題なのが、随意契約の説明が（その形式から正当化されるという意味で）楽なものはその段階で「思考停止」になっているのではないか、ということだ。報告書にあるように担当者が1人の判断で業務を分割し少額随意契約で話を進めようとしていたならば、それ対して誰も気付かず（気付けず）、何も言わなかった（言えなかった）のだろうか、疑問が生じる。

## 分割発注は慎重に

分割発注による競争入札の回避は、官公需法の要請への応答などの事情もあり、一概に善悪は付け難いものではあるが、不正の背景になりやすいのは事実である。少額随意契約は「随意契約の理由が立つ」からといって、それに対して批判的でなくなってしまうのは、恐らくは随意契約それ自体への批判があまりにもこれまで強過ぎたからなのだろうが、その反動で「説明しやすい随意契約」への適正チェックが甘くなったのであれば、あしきコンプライアンスとしか言いようがない。入札監視委員会などの外部からのチェックの在り方も含めて早急に再検討を要する問題だ。

一定額以上の契約において競争入札とすることは法令上の要請である。なぜそういう規定が存在するかといえば、競争入札が財源の有効利用に資すると考えられているからである。

簡単に言えば、より安い調達ができるということだ。一定額未満の場合には、競争入札の実施にかかる手間暇を考えれば費用対効果上、割に合わないので、より簡便な手続きである随意契約が認められるという訳である。裏を返せば一定額以上は費用対効果において、競争入札が優れた方法だということだ。

ある工事を分割発注して、幾つかの同種工事にして随意契約とすることは、競争入札の便宜を放棄する行いである。一言でいえば「高く付く」方法だ。つまり、合理性のない分割発注は無駄遣いの所業ということになる。

なぜ発注機関は分割発注するのか。1つは、意中の企業に確実に発注するためである。競争入札において意中の企業に確実に発注するためには、入札参加資格や仕様の設定、総合評価における非価格点の仕組みを意図的に操作する必要があるが、これは手間がかかるし、排除された企業がその意図に気付く可能性が高い。一方、随意契約ならば、その理由が立てばそれほど追及されることはない。特にいわゆる「少額随意契約」の場合は、「なぜその企業にしたのか」についての説明責任は、そうでない随意契約の場合よりもはるかに甘いものがある。

## 面倒を嫌うマインド

もう1つが、手続き上の手間をかけたくないという行政側の負担軽減の要請である。発注機関の担当者が、随意契約が可能な額を少し超えるだけの契約に競争入札を適用する合理性を認めていないケースは、実は非常に多いかもしれない。分割発注の方が費用対効果がよいという共通了解が発注機関にあるのだとすれば、法令が現実に整合していないことになる。「法令と実態の乖離」は、ゆがんだコンプライアンス対応を生み出す温床なのだ。

競争入札はその名の通り競争なのであるが、競争を用いれば全てがうまく解決するというのは幻想である。不調、不落になればその分時間がかかる。必要な工事が必要なタイミングで実施されなければ、それ自体損失である。随意契約であればそのリスクは少なくなる（確実ではないが）。だから分割発注に頼ってしまう。

法的な観点からは、地方自治法施行令上「競争入札に付することが不利と認められるとき」などは随意契約が可能となっているが、それを説明することに面倒なのでこのような「例外規定」を発注機関は用いようとしない。「不合理な分割発注を禁じる」規定が存在しないのであれば（ＷＴＯの政府調達協定には存在する）、法令上随意契約が可能となる「形式」を手にいれようとするのが、恐らく行政の「コンプライアンス・マインド」なのだろう。競争入札回避のための分割発注は、ある種の「グレーゾーン」と言えよう。

## 入札妨害の可能性

不調、不落のリスクを理由に競争入札が回避できるならば、どんな契約であってもその説明が可能になってしまう。そうすれば会計法や地方自治法といった公共契約を規律する法令は「ザル法」と化すこととなる。厳格さは重要だが、柔軟性も大事である。このバランスを欠いたときにコンプライアンス問題が発生するのであるが、このバランスを取るのが難しい。

「正面突破よりも、グレーゾーン」を選ぶというのはいかにも日本らしいが、このグレーゾーンはグレーゆえに、警察や検察が本気になれば「摘発の対象」となることも十分あり得る。官製談合防止法の牙は年々鋭くなっている。同法は、「入札等の公正を害すべき行為を行(う)」という抽象的な構成要件を有する、競争の要請に反する手続き違背を広くその射程に入れる「容量の大きな」法律であり、収賄の入り口事件として絶大な効力をこれまで発揮してきた。「競争の意図的な回避」の案件は十分射程となり得る。

分割発注は、恐らくはあらゆる国の機関や自治体が抱えている公共契約の問題だと考えられる。問題は「ではどうするのか」だが、調達目的を最もよく実現するものが競争入札ではなく随意契約であり、その確固たる証拠があるならば、競争入札に付することが不利になる、競争入札に適さない、といった理由で随意契約が可能になるはずだ。後は手続きに関する説明責任を尽くすだけである。

# 第8章

# 入札不正の心理と構造

# 1 必要悪という意識すらない

## 談合ができないから

もう15年ほど前になるが、ある建設関連企業団体の役員から「最近、団体の構成企業数が減ってきて大変だ」と言われた。「なぜか」と尋ねると「談合できないからだ」と返ってきた。記憶では2005年の独禁法改正よりも少し後の話だったと思う。従前は**大津判決**[1]が前提になっていたので一般的な談合は摘発されなかったし、公正取引委員会も日米構造協議よりも前は摘発が低調だったので、入札談合は通常運転だったのだろう。悪びれることなくストレートにそう答えられたので、ややひるんだが、当事者として、そもそも発注機関に迷惑をかけているという意識がないことはよく分かった。入札談合はしばしば「必要悪」などといわれるが、必要悪というよりも必要そのもの、否、必要か否かという意識すらないくらい慣行として定着していたのだろう。

公共契約の世界では法律が競争を求めているのに、受発注者間では競争の評判が悪い。受注者側にとっては確かに競争がある場合よりもない場合の方が、少なくとも価格だけの問題で言うならば競争を排除して予定価格周辺まで価格を上げれば競争価格で契約するよりも割

1 第1章1、第4章2、第5章2参照

りがいい。入札談合はしばしば構成企業間での力関係や人脈などが物を言うので、不平不満を伴うこともあるが、通常、競争を回避したがるものだ。だから刑法の談合罪や独禁法が存在するのであるが、これら法律が機能しなければ、そういった慣行が定着してしまう。

発注機関が競争を回避したがるのは一見、奇妙である。個人的な利益動機のない官製談合などは、第三者が見れば理解不能と思われるかもしれない。しかし発注関係者と話すと、「指名競争の時代は良かった」「可能であれば随意契約がしたい」といった本音をよく聞く。つまり競争に対する信用が発注機関側にはないのである。これには2つの背景があるように思われる。1つが、競争のメリットよりもデメリットに対する感度が強い点だ。競争は確かに、入札などのルールの中で勝ち残った企業が受注の権利を獲得する仕組みであるから、当然のことながら未知の企業と契約することも多くなる。そこを嫌がるのである。あるいは既存の企業であっても激しく競争した結果としての低価格での契約は、企業間の協力的な関係に悪影響を及ぼすリスクとなることも嫌がるようである。簡単に言えば、既存の企業との安定的で良好な関係を築いておきたい、という動機が発注機関側には強い。

当然、競争が激しくなっても相手方には契約上の縛りをかけておけばよいのであって、関係が良好かどうかを気にする方がおかしいという意見もあるだろう。しかし、契約相手との緊張関係を形成したくないという動機は、公共発注機関は民間企業よりも恐らく大きいというのは容易に推測できる。というのは、公共調達は何らかの公的な「計画」に基づいて実施されるものであり、調達に支障が生じるということは、計画の失敗を意味する。行政にとってこれは最も避けたい事態である。要するに無謬(むびゅう)の体裁にこだわっているのである。

## 無謬へのこだわり

1度決まったことは正しいという前提での物の見方は予定価格にも及ぶ。計画が無謬なのであれば、それを前提に組まれた予定価格も無謬ということになる。これは競争が適正な結果をもたらすという会計法令の考え方と矛盾するのであるが、競争価格が予定価格と一致すればこの矛盾は形式的には解消されることになる。つまり、入札談合によって落札金額が予定価格に一致したとしても、表面的には競争しているという体裁なのであるから、「競争価格＝予定価格＝計画価格＝適正価格」という等式が成り立つことになる。まさに「無謬の連鎖」である。

通常あり得ないこの等式を可能にしてきたのが、指名競争入札である。同じような企業が何度も繰り返し指名され、その中だけで競争の手続きが行われる。調整の結果、落札企業が予定価格を総取りする。それが競争の結果であると説明される。発注機関側にとっては「無駄に高い」買い物になってしまうが、それでも価格低下へのインセンティブがなかなか働かないのが実際である。発注機関は未知の企業への発注やダンピング受注による不良工事の危険、あるいは競争を強調することでかえって不調や不落を招きかねないといったリスクを嫌がることに加え、予定価格は計上された予算を反映する計画された価格であって、それを超えない範囲では発注機関が支出することに躊躇（ちゅうちょ）はないのである。予定価格付近で契約を続けることは、言い換えれば予算を満額消化し続けることへの抵抗よりも、調達計画に失敗する懸念を抱くことへの抵抗の方が大きい。予定価格などの内部情報を漏洩するのは、この無謬の体裁を維持し続けるための方法なのである。しかし、これは明らかな手続き違背であり、それ自体犯罪を構成し得るものである。

第三者的に見れば、自分のお金ではないから高価格に抵抗がないということになるが、行政側から見れば、他人のお金を預かっているからこそ計画の遂行には失敗が許されないということになる。最も望ましいのが計画を合理的に遂行しつつ、契約は最も低廉にして支出を抑えることであるが、その両立の手立てを見いだせない。リスクを負いたくない発注機関と、利益を出したい、あるいは安定的な受注を続けたい企業の思惑が一致しているのが官製談合なのである。ただ、これは発注機関側当事者に個人的な利益動機がない場合である。

## 悪代官

宮崎県串間市の副市長が指名競争入札を巡って不正を働いたとして、２０２４年に官製談合防止法違反などの疑いで逮捕された（**宮崎県串間市の指名競争入札事件**）。指名に当たって特定の企業を恣意的に選定するなどして入札を妨害した疑いだという。朝日新聞２０２３年11月28日の記事には以下の文章が載った[2]。

2　朝日新聞2023年11月28日朝刊宮崎版23面

ある地元業者は「『悪代官』だ。子飼いの業者以外には露骨な嫌がらせをしてきた。あまりにも強引で見え見えなことをしてきたので、いつか逮捕されると思っていた」と話す。

この副市長は市職員として課長まで務めた後に市議を6期務め、2020年に副市長に就いたという。同記事によると、市議時代から支援する企業が最低制限価格ぎりぎりで落札するなど、地元では一部の「取り巻き」企業に入札情報が漏れる癒着がささやかれてきた。自治体職員から地方議会議員、そして副市長へと上り詰め、ステークホルダーを知り尽くした地位にいるこの人物は、「地元では最強」の存在なのだろう。記事の通りであるなら、こういった人物には「コンプライアンス」などという言葉はもはや暗号の世界なのかもしれない。

入札妨害の事案を眺めてみると、当然といえば当然なのだが、自治体の規模によって不正を働くポジションが変わってくる。小さな自治体の場合、首長が絡むことが多いが、少し大きくなると副市長のようなナンバー2、ナンバー3のような人物が登場する。もっと大きくなると特別職は出てこない。大きな自治体では、事業数や契約数も多く、個別の契約に特別職が一々関わりきれないからだ。課長や係長のクラスがよく出てくる。地方議会議員の場合、当該自治体の行政にあの手この手で働きかけることができるので、入札不正には満遍なく顔を出す。

しばしば新聞記者からの取材時に、近年の入札不正、特に官製談合の実態について話を聞くことがある。すると、昭和の中頃のような事例ばかりで耳を疑う。そこには「悪代官」キャラが登場するのであるが、大抵、支持者から慕われている。中立的な表現でいえば「親分」キャラである。全方位で嫌われている人物は、通常、そういう立場にはならない。いずれにせよ、このタイプの人物は自分と自分の取り巻きのためだけに入札のルールを無視するのだから、処断されて当然である。

## 仏にも容赦しない

悩ましいのが「良かれ」と思ってルールを逸脱するケースである。悪条件の契約でそれに見合う予算はないがその事業を何とか進めたいがために、特定の企業に受注を働きかけ、関連する情報を提供する。これはルール違反だ。あるいは無理な契約変更を増額なしに受

●宮崎県串間市で発生した官製談合事件発覚後の経緯

| 年月日 | 内容 |
|---|---|
| 2023年11月16日 | 「串間市消防庁舎新築工事設計業務」の入札執行に関し、副市長（当時）が業者らと共謀して特定業者に落札させようと考え、この業者に有利な指名業者の選定案を作成するなどして、官製談合防止法違反及び公契約関係競売入札妨害の容疑で、副市長、建設会社社長、設計事務所支社長など5人が逮捕 |
| 2023年12月1日 | 事件関連業者（3社）を串間市入札参加資格停止措置 |
| 2023年12月7日 | 宮崎地方検察庁が上記のうち、副市長ら4人を官製談合防止法違反などの罪で起訴 |
| 2024年1月12日 | 事件関連業者のうち逮捕者不起訴の業者（1社）の串間市入札参加資格停止処分を解除 |

（出所:串間市入札制度等検討委員会）

け入れてもらった見返りに、他の入札で恣意的に指名で優遇する。これもルール違反だ。個々の入札ではその公正さが侵されている。

受注者に無理して競争入札をさせるからどこかに無理が生じる。それを立て直すために、あるいは予算や事務手続きといった発注者の都合でルールを逸脱する。だから官製談合が疑われたとき、当局は発注者側の個人的動機、すなわち収賄を狙ってアプローチするが、結構な割合で出てこない。しかし入札妨害というルール違反は成立する。

何とか事業を計画通り進め、関係者に迷惑をかけたくないという担当者の誠実な思いがルールの逸脱を誘発する。マスコミが取材をすると「課長の悪い評判は聞いたことがない」「仕事熱心で責任感があった」「思いやりがあり仏のような人だった」という声が集まる。

公共入札は「悪」も「仏」も処罰される。個々の手続きにおいてルールの逸脱があるからだ。だから初期設定としての手続きの選択が重要なのである。体裁にこだわって無理な手続きを選択すれば無理が生じ、手続き違反を誘発する。この国が人ではなく法によって規律される以上、手続き違反は入札の公正を害すると評価され犯罪を構成する（場合もある）。違反を犯した人物の属性は問わないのである。これがここ四半世紀、日本で強調されてきた「法化社会」であり、「コンプライアンス社会」なのである。

体裁を作るために無理な手続きを採用しない。採用した以上、そこから逸脱すれば罪に問われる覚悟を持たなければならない。「うまい具合にやればいい」という意識から抜けられない自治体関係者は今でも少なくないのではないか。

# 2 政治的な利権構造として語られやすい

## 単純な構造にされやすい

入札不正を語る際、「なかなか難しい問題だ」というコメントはメディアでは採用されにくい。一方で、利権構造を批判し、血税の無駄遣いを糾弾するコメントは採用されやすい。テレビであれば15秒程度、新聞であれば数十字という制約下でのコメントに「分かりやすさ」が求められるのは、必然である。実際にそのような分かりやすい構造の事件は事欠かない。

2024年1月、**千代田区発注の小学校・幼稚園の改築を巡る競争入札不正事件**で、最低制限価格と参加企業の情報を漏洩した疑いで、千代田区議員と同区の担当部長が逮捕された。この区議は議員歴20年で、議長も務めた「大物」である。逮捕された元部長は逮捕前に新聞のインタビューで、この議員について「逆らえる存在ではなかった」と話したという[3]。

自治体の入札不正に地方議会議員が絡むことは少なくない。2017年には埼玉県上尾市のごみ処理業務を巡る入札不正で市長と議長がダブルで立件された（**上尾市発注のごみ処理業務を巡る不正事件**）。地方議会議員が入札不正に絡むことが多いのは、政官財の距離が近いからだ。条例や予算はもちろんのこと、契約審議、その他諸々の監視などを通じて、議会

3　朝日新聞2024年1月25日夕刊11面

は行政を規律する。規律される側の行政は議会の「顔色をうかがいやすい」構造になっている。この構造の下、有力議員による本来認められないはずの要望がまかり通ることになる。

国会も似たような構造だが、決定的に違うのが「距離感」だ。地方の場合、議会の規模も行政の規模も大きくなく、関係者は顔の見える距離にいる。2、3期で国政などに転身する議員もいるが、5、6期ともなると「主(ぬし)」化してくる。となると、その意向に逆らうと通るものも通らなくなる。行政の遂行のために見返りが必要になるわけだ。その見返りが入札の情報なのである。そして地域要件などで地元企業が守られることの多い自治体の発注においては、自然と議員と企業の関係も近くなる。

洋上風力発電における企業選定を巡る口利き疑惑のようなケースもある[4]ので、案件によっては国政でも問題になり得るが、さすがに個別の入札の予定価格を教えろといった国会議員から入札担当職員へのダイレクトなアプローチは考えにくい。

企業との距離の近さは、利益誘導型の政治家を生み出しやすい。千代田区は有権者約5万人で500~600票の得票で当選できるようだ。固い支持者グループをある程度確保しておけば落選しない。そうした構造が癒着や不正、ゆがんだ要望の背景になっているのだろう。

## 見た目だけでは分からない

筆者は連日のように入札不正の事件についてメディアの取材を受ける。独禁法の事件もあ

4　これを報じるものとして、朝日新聞2023年9月28日朝刊2面

れば刑法の談合罪や官製談合防止法違反の事件もある。大抵の場合、説明には時間を要する。

落札率が高いからといって常に入札談合である訳ではなく、1者応札が続くからといって受発注者間に癒着があるとは必ずしも言えない。競争的な状況でも高落札率のケースもあれば、発注者が応札企業の数を増やそうとして努力しても結果として1者応札になってしまうケースもある。入札不正にも様々あり、収賄や天下りといった個人的な動機に導かれている場合もあれば、工事の確実な完成を目指して信頼できる特定の意中の企業に受注させたいという思惑に導かれている場合もある。もちろん、後者のケースであれば、なぜそのような状況が発生するかの説明が必要になるが、なかなか一言二言では語り尽くせない。結果、1時間はあっという間に過ぎてしまう。話の構造が分かりにくいから没になることも多々ある。

「有力者」が出てくるケースは、メディアが報じやすい。ゼネコン汚職が象徴的だが、公共工事はこうした官民の不正に首長や議員が関与する構造として語られやすく、その構図を彷彿させる事件が登場すると大きく報じる傾向にある。政官財の間の癒着があるならばそう報じることは結構なことだが、厄介なのはそうでないケースであってもそうであるかのように報じられることである。

## 官製談合の中で育つ

ある自治体が発注した公共工事を巡る不正に関して、関係者が「官製談合が行われていた中で育ってきた」と発言した、という話を聞いたことがある。発注者側の担当者が「不正が綿々と受け継がれてきた」といった趣旨のことを発言したという報道に接したこともある。

制度がいかに変わっても、自治体トップがどんなに「公正な競争を」と旗を振っても、「官製談合が行われていた中で育ってきた」面々の行動を変えるのは容易ではない。コンプライアンス・マニュアルを作成してもコンプライアンス研修を実施しても、長年蓄積されてきた慣行を止めるだけの力にはならない。恐らくこの自治体でも様々なコンプライアンスの取り組みを実施してきたし、入札監視委員会も目を光らせていたのだろう。このような事件を目の当たりにすると、ある種の絶望感を抱く。

談合をストップさせるための一番分かりやすい方法は、違反が見つかる可能性（発覚率）を高めることである。仮に100％見つかるのであれば誰もやらないだろう。もう1つ、見つかったときの制裁を重くすることだ。官製談合防止法に刑事罰が導入されたのは今から20年ほど前であるが、それからしばらく同法違反罪は収賄絡みでない場合にはほとんどが罰金刑で終わっていた。執行猶予付きであるが拘禁刑がスタンダードとなったのはこの約20年の間の後半においてである。しかし抑止効果としてこれで十分かどうかは議論が必要だ。

## 狭すぎる「地元」

自治体の発注の場合、談合に参加する企業の多くは地元企業だ。そもそも地域要件（入札参加資格を地元企業に限定すること）が厳しくかかっており、限られたメンバーの間での競争となる。一般競争よりも指名競争が一般的な自治体はいまだ多い。そんな中での官製談合である。企業にそこから脱出しようという動機が生じる方が不自然である。官側の意向に沿うことが企業にとって唯一生き残る方法だと思われてしまえば、関係者の行動が変化する訳がないし、環境を変えようとも思わない。その背景に「公正に競争が行われると資金力のある会社が勝つのは目に見えていて、経営基盤が弱い地元の会社はつぶれてしまう」という事情があるのであればなおさらである。関係者は「やむを得ない」という意識なのである。

入札談合が必要悪といわれた時代はとうの昔に過ぎたと思われているが、実際はそうでもないようだ。しかしその「やむを得ない」は自分たちにとってのものであって、社会全体にとってのものなのか、少なくとも地域住民にとってそうなのか、今一度考えてみる必要がある。問題は「言っていること」と「やっていること」の乖離にある。「競争させている」といって実際には「競争させていない」ことは有権者、納税者に対する裏切りである。

# 3 不正の動機

## 競争回避は古今東西で共通

アダム・スミスの有名な言葉に、「同業者同士でひとたび会合を持つならば、価格引き上げの企てに至る」というものがある。競争は利益を奪うものであり、企業は競争をしない誘因を強く持つ。これは古今東西の自由市場に共通するものだ。

入札不正が複数の企業の合意を通じて行われる場合、一般的には当該企業間で競争しないという、一般的な意味での談合であるケースがまずは想起される。ある自治体発注の公共工事における指名競争入札において被指名企業間が申し合わせて落札予定企業（チャンピオン）を決定するようなケースが分かりやすい。

多くの公共工事では、同一発注者から同種の工事が同じ年度内に複数回発注されるので、合意に参加する企業は受注の機会を平等にするために落札の順番（ローテーション）を決め、あるいは落札予定企業に選ばれるための内部的なルールを取り決める（現場に一番近い企業が優先される、あるいは昨年度実績を満たした企業はその年度の受注を控えなければならないといったケースなど）。当然、金額はできる限り高い方が企業にとっ

5　排除措置命令2023年9月28日（2023年（措）第5号）及び課徴金納付命令2023年9月28日（2023年（納）第10号）
6　以上の記述につき、青野昌行「高知県で地質調査談合、『くじ引き落札よりまし』と開き直る会社も」日経クロステックク2023年10月26日Web記事（https://xtech.nikkei.com/atcl/nxt/column/18/00142/01732/）参照

ては望ましいので落札予定企業が決定した応札金額を上回る価格を他の応札企業は設定して応札することになる。あるいはそもそも応札しないという手段もあり得る。

例えば、2023年に公正取引委員会が排除措置命令と課徴金納付命令を出した**高知県発注の地質調査業務を巡る談合事件**[5]では、以下の4つのルールによって構成されていた。（1）県からの依頼に基づいて提案書や見積書などを提出する設計協力を担った会社がある場合に適用する「事情ルール」、（2）同じ調査場所で定期的に発注される業務に適用する「継続ルール」、（3）県の入札に指名された回数などを基に各社の持ち点を算出して受注予定者を決める「ローテルール」、そして（4）これらを補完するものとして一部の少額案件については、上記の例外を認め、受注を希望する会社を受注予定者に決定し、希望者が複数いる場合は話し合いで決めるという「希望ルール」が採用されていた（次ページの図参照）。この事件を扱った公取委の幹部は、「こんな緻密なルールを作って談合しているケースは初めて見た」と驚いたという[6]。

指名競争の場合、発注者が指名している以上、競争の体裁を保つためにお付き合いで応札する企業が多かったようだ。指名されても応札しないと、次回から指名されなくなるというプレッシャーもあった。だから金額の調整が必要になったのだが、一般競争入札が主流の昨今、そのような体裁を作るまでもなくそもそも応募すらしないという選択肢は十分に考えられる。特に国の工事の場合、総合評価落札方式が一般に採用されるのでペーパーワークの負担を考えれば、応札自体が負担になる[7]。

7　だからといって応札者数が少ない（その典型が1者応札）ケースを全て談合の結果だと言い切るのは暴論に近い（大橋弘「1者応札は無効か」日刊建設工業新聞2015年1月7日など参照）。1者応札のケースでかつどのような条件がそろったら談合の疑いが強まるかについて議論すべきだ。一方、5者、10者の応札があったとしても談合ではなく競争があったと断言できる訳でもない。落札率の高さについても同様のことがいえる。予定価格に近い落札は談合の結果であると断言できる根拠にはならない。一方で（談合隠しのために）予定価格の90％付近で談合する場合もあるかもしれない（それでも企業にとってメリットがあるという前提であれば、であるが）

●受注予定者を決定する4つのルール

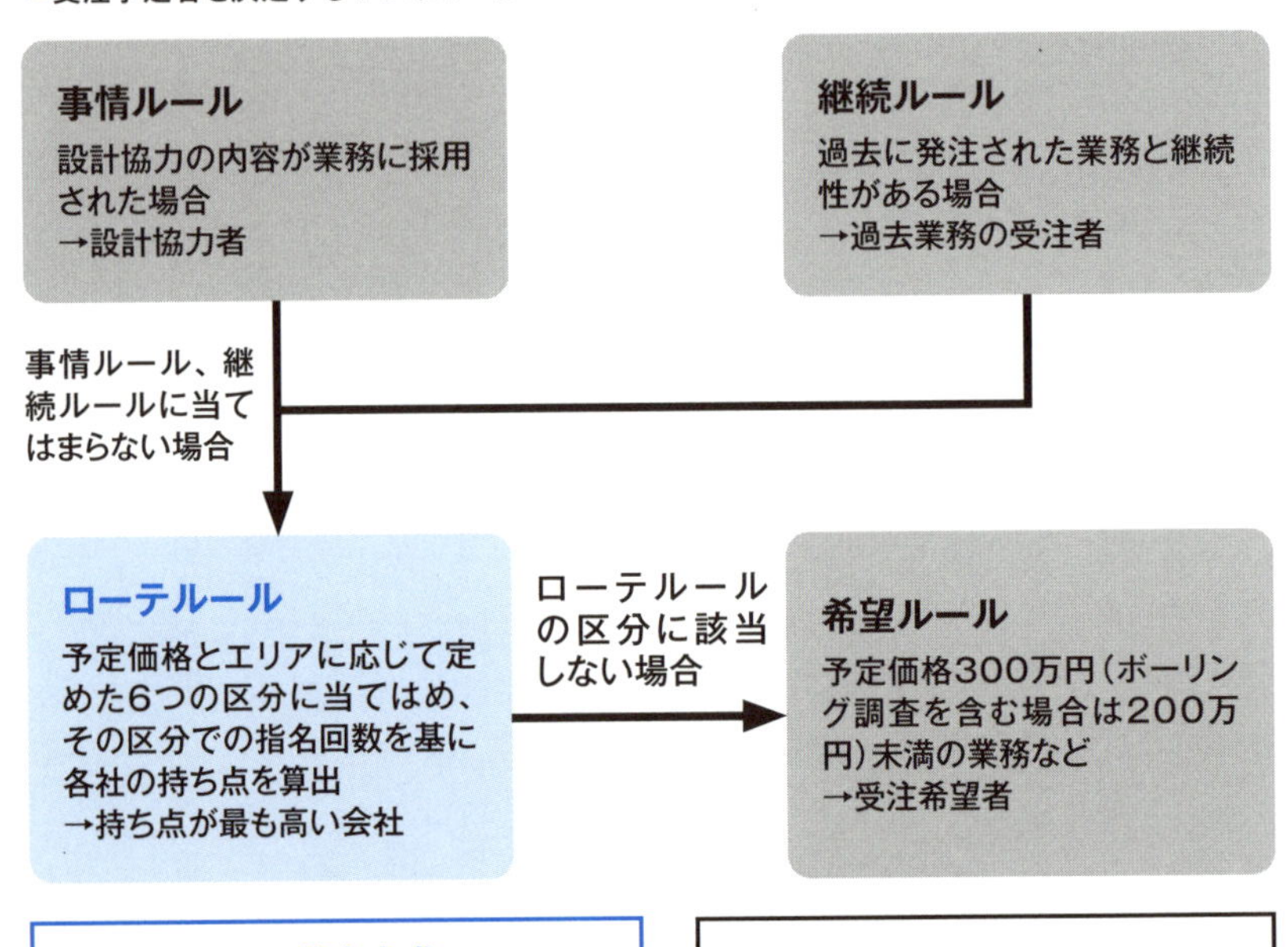


**ローテルールの算定方式**

幹事会社が、各社の指名状況を点数化した表を用いて管理。指名連絡を受ける直前の点数を基に、当該案件の区分で最も点数が高い会社を受注予定者とする。

入札後、受注予定者の点数は0点とし、指名を受けて他社の受注に協力した会社には1点を加算する。

**入札価格の設定方法**

[事情ルール・継続ルール]
受注予定者:予定価格の89%未満
受注予定者以外:同89%以上
[ローテルール・希望ルール]
受注予定者:予定価格の92%未満
受注予定者以外:同92%以上

矢印の後に受注予定者を示した(出所:公正取引委員会の資料を基に日経クロステックが作成)

## もう1つの不正

もう1つの入札不正は、競争者を排除しようとする発注担当者と（特定の）受注者との合意があるケースである。要するに他社を出し抜き、自社だけが抜け駆け的に有利になろうとするケースである。これには様々な手法があり得る。具体的には、自治体における建設請負工事の発注などで設定が可能な最低制限価格を発注者側から聞き出す行為、両者が結託して他の応募企業の応募書類の内容を共有し、その後の価格提示においてその企業を有利にしようという行為、あるいはより露骨に特定の企業の応札価格を書き換えるような行為などである。共通するのは、他の企業が競争的に振る舞うとき、自社が抜け駆け的に受注を獲得しようと発注担当者と結託する点だ。競争の停止で受注を目指す企業間における談合とは、状況を異にする[8]。

応札企業間であっても、競争しないことの合意の補完として、他の応札企業を排除するために実施されることもある。例えば、被指名企業として談合に合意しないアウトサイダーの参入が分かっている場合、談合企業間で意図的に低価格で応札し、そのアウトサイダーに受注させない行為がそれである。アウトサイダーに対して、自社が応札した場合には他の企業は競争的な応札行動をするので受注の機会がないと認識させ、以後の応札を諦めさせる。あるいは、過去の受注実績の有無で有利不利が決まるようなケースでは受注実績を作らせないことで、将来の受注を不利にしようという排他的行動である。

8　両者が共存することもあり得る。他の企業が競争を停止する談合をしていることに気付いたある企業が発注担当者と結託し、自社が落札できるように非公表の予定価格を聞き出したり、発注担当者に総合評価落札方式における非価格点を恣意的に操作することを依頼したりするような行為がそれである

## 競争はない方がよい

入札不正の動機はどこにあるのか。企業側に立つならば、不正した方が自社にとって有利になるという説明が一番簡単で分かりやすい。談合企業にとっては競争がない方がある場合よりも受注した際の利益が大きいので有利になる。抜け駆けした企業にとっては、不正を働かなければ受注できなかったであろう案件を確実に受注できる。

ただ、この「有利」という言葉の射程は実は広い。例えばある地方の建設業協会の会長が誰もやりたがらない工事について指名企業間で誰が受注するかを話し合い、結果、会長として自社が不利を承知で請け負ったというケースがある。利他的に見える行為も「そうしたい」という動機があるのだから、自社に何らかの有利性があると評価できるかもしれない。批判的な論者は利他的な行為は言い訳に過ぎない、と言うだろう[9]。そういった「マイナスの分担行為」も、本来であれば競争的に決まるべきところ（それは不成立かもしれない）を非競争的な手法で恣意的に結論を導いたことで「競争の歪曲」と評価されるかもしれない。

抜け駆け行為は悩むことはないだろう。自社だけが有利になろうという動機だからだ。ただ、当初から随意契約相当であるにもかかわらず発注者が何らかの事情で競争入札を選択して、意中の企業を有利にしようと入札条件などを操作するケースも考えられる。企業側の動機は通常の特命随意契約を結ぶ場合のそれと同じであり、特に競合企業を不正に排除する恣意性はないかもしれない。しかしそれは公契約関係競売入札妨害罪や官製談合防止法違反罪

9　あるいは実はそのようなマイナスの分担行為も長期的に見れば発注者側からの見返りが期待できる合理的な行動だと説明できるかもしれない

のリスクを高める。問題は企業の動機が実質的な競争排除に向けられているかではなく、設定された競争の手続きを破ることになるからである[10]。法は競争の形式を重視する。

## 被害者たる発注者の動機

入札不正の被害者である発注者側の動機はどうか。発注者側が入札不正に関与する場合、なぜ被害者の立場にありながらも不正に協力する、あるいはそれを主導するのだろうか。発注関係者が入札不正に関与する理由として、最も簡易で受け入れやすい説明は、個人的利益を図っているというものだ。その典型が収賄であるが、より長期的にはいわゆる「天下り」を期待しての関与である。天下った元職員は現職員と通じ合い、入札不正をよりスムーズに実現することに寄与する。裏を返せばそれを期待しての再就職という説明が世間的には普及している。実際、**日本道路公団発注の橋梁工事を巡る談合事件**では、道路公団の副総裁と、道路公団の元理事で受注側の企業の顧問とが通じ合い談合を主導していたとされる[11]。国会議員や地方議会議員、あるいは首長などからの圧力があったという場合には、その意向を受けて内部情報を当該議員に漏洩したなどの入札不正に関与した発注者側職員の動機は、見返りとしての金銭的利益というよりは自らの保身、あるいはプロモーションのためということになろう。それも個人的動機といえば個人的動機である。

10　ただ、独禁法と刑法典上の犯罪、あるいは官製談合防止法違反罪とで、競争が実質的に存在しないけれども競争の体裁がある場合の取り扱いについて別途の扱いをすべきだという議論があり得る

11　東京高判2008年7月4日審決集55巻1057頁、最決2010年9月22日(2008年(あ)第1700号)

# 4 競争入札は透明だから正しい？

## 不透明な入札もある

競争入札を実施する理由として入札手続きの透明性が指摘されることがある。一見するともっともらしいが、これはミスリーディングではないだろうか。

入札は透明だから実施するのではなく競争によるメリット（効率性）を得るために実施する。裏を返すと、効率性が得られない、言い換えれば無駄が生じることが分かっているのに競争入札を強行するのはナンセンスだ。競争させるべきかどうか悩むときには、競争を優先するという判断は理解できるが、公費だから透明であるべきなので入札が妥当というロジックには疑問がある。公費だから財源を効率的に用いなければならず、だからその有効な手段として競争を用いる、という流れが正しい。公費の場合、効率化のインセンティブが働きにくいからだ。

透明性の確保はその際に必要な条件だ。競争入札を用いても入札参加資格や仕様の設定、総合評価落札方式における評価項目の設定やその採点を恣意的に行うこともできる。競争入札だから常に公平、公正ではない。それを担保するのが透明性、すなわち情報の開示である。

## 随意契約だから不透明か

随意契約の場合、特に特命随意契約の場合、競争入札よりも数段重い説明責任が生じるというのはその通りだろう。なぜこの企業と、この内容の契約を締結したのか。競争入札であればそれは競争の結果と言えるが、特命随意契約の場合、そうはいかない。ただ、随意契約にも様々なタイプがある。競争的なものもある。競争の機能の仕方も多様だ。

競争入札は透明で中立で公正だから望ましいのではなく、透明で中立で公正に行われる競争入札が望ましいのである。そのようなゆがんだ理解があるから、２０２０年に持続化給付金業務委託にかかる入札の在り方が批判されたとき、首相が国会の答弁で「一般競争入札のプロセスを経た（から問題ない）」旨の発言[12]をしたと見られる。正しくは「公正なルールに基づく一般競争入札を公正なプロセスで実施した（から問題ない）」だと筆者は考える。また、「事業目的に照らし、ルールにのっとったプロセスを経て決定された」とも言ったが、正しくは「ルールの趣旨を踏まえ公正に設定された手法に基づき、公正なプロセスを経て決定された」ではないだろうか。そしてその公正さが十分な情報の開示によって担保されているから問題ない、と言えるのである。

入札が透明と思われているのは、その過程や手続き、結果が公開されているからだ。だから入札が公正、公平に実施されているかが外部の目にさらされる。随意契約も同様で、その過程や手続き、結果が十分に公開されているのであればそれは透明、ということになる。し

12　第201回国会衆議院本会議第31号（2020年6月8日）

かし随意契約、特に特命随意契約の場合、十分な情報公開が実施されないことが多々ある。「今後の調達活動に支障を来す」という言い訳が、発注機関が情報公開を拒む際の「テンプレート」だ。そういう調子だから、「随意契約は不透明で、競争入札は透明」という構図が作られてしまうのではないか。

## 東京五輪談合事件の悲劇

**東京五輪談合事件**では、形だけ透明であるかのような競争入札が採用されていながら、その実、不透明に調整が行われていたとされる事件である。仮に随意契約であったとしてもその調整は水面下で実施されていたとは思うが、この事件の疑惑は組織委員会が透明性の確保という体裁にこだわったがゆえに（結果的に）引き起こされたものと見ることもできる。

調整に関与したとされる当事者が独禁法違反の可能性をどれだけ認識していたかは定かではないが、競争入札が採用されながらもそれとは異なる調整が続けられてきた事実に対して、関係企業は何の問題意識も抱かなかったのだろうか。むしろ合意の存在自体がなかったと考える方が合理的とも言えるこの事件について、あえてコンプライアンス上の示唆を見いだすとするならば、以下のようなものになるだろう。公共契約の場合、手続きの決定が先行するはず（そうでもないケースの存在は否定しないが）なのでそのような問題は生じにくいが、民間契約でかつ公的色彩が強いこのケースは、何らかの情報のやり取りが先にあり競争という形式が後から来れば、それは独禁法違反に問われることがある、という注意点を教えてくれる。

## そこに競争があるから

独禁法、刑法の公契約関係競売入札妨害罪、談合罪、そして官製談合防止法いずれも、「競争入札」という手続きが用いられている以上、これに反する（競争を阻害する、あるいは手続きを侵害する）行為は、容赦なく違法とされ、犯罪とされてきた。かつては問題視されなかった時代もあったが、今では通用しない。なぜならば、「そこに競争があるから」だ。

談合に参加したとされる企業はこう反論する場合がしばしばある。「この入札は単に形式的なものであって、実態としては受注者が最初から決まった状態にあり、競争を侵害したことにはならない」と。確かに、発注者の意向から、あるいは技術的要因から、ある企業以外はそもそも受注の見込みがない状態はあり得る。しかし、少なくとも公共契約ではこの種の反論はまず通らない。発注者の意向が特定の企業の受注なのであれば、競争入札をする理由がない。特定の企業のみが受注できる案件と思っているならば他の企業は自発的に辞退すればよいだけなのであって相互に連絡を取り、調整する理由などない。複数者応札という体裁を発注者は欲しがるだろうが、企業にそれを忖度（そんたく）する理由は本来ないはずだ。そもそも「競争のふり」はそれ自体競争入札を妨害する行為だ。

# 5 1者応札は不正なのか

## 敵視される1者応札

公共契約における悩ましい問題の1つに「1者応札（1者応募）」がある。これは公共契約の締結の過程で競争入札（募集）を行った際に、応札者（応募者）が1者しかいないケースを指す。応募者は複数いたが札入れの時点で辞退が相次ぎ、結果1者になる場合もあれば、応募の時点で既に1者の場合もある。

また、競争性のある随意契約（企画競争など）での1者応募のケースもある。厳密には、場合分けをしつつ考察する必要があるが、ここでは主として一般競争入札を実施したのにそもそも応募者が1者しかいない状況を念頭におこう。

「一般競争入札は多くの応札者が期待できるから、1者しか申し込まないような事態は不正以外の何物でもない、談合が強く疑われる」。これが世間一般の感覚かもしれない。1者応札のケースでは往々にして落札率が高く出るのでますますそう思われるのだろう。しかし大抵の場合、不正が原因なのではなく、他の企業にとって競争入札に参加しても勝てる見込みがないと思われていることが1者応札の発生原因となっている。

同一企業と何年にもわたって契約を繰り返している委託業務をその翌年においても発注する場合、あるいはある現場の土木工事の完成後に追加の工事を発注する場合、一般競争入札を実施しても既存の企業だけが応募し、当該1者のみの応札となる可能性が高い。それは過去に同種の案件を受注している企業、過去に関連性の強い工事を受注している企業が、その知識・ノウハウや経験の面においても、価格低減の余地の面においても、他の企業よりも有利な立場にあるのが一般だからである。

## 不利な勝負はしない

他の企業からしてみれば、最初から有利と見られる企業に対抗するために時間や労力をかけて積算し、（場合によっては）提案書を作成するのは無駄に映る。採算が合わなくともダンピングで対抗すれば受注できるかもしれないが、その合理性を見いだせない企業に参入のインセンティブは存在しない。それ自体、ある意味で競争の結果なのである。だから表面的に何者応募した、応札したということにこだわることはナンセンスにも思える。実際に競争は存在するが、競争の結果が事前にほぼ判明しているケースがある。

問題は、競争の条件を不当に厳しくして1者になったのか、そうでないのに1者になったのかである。最初から「1者＝不正」と決め付けるのは暴論に近い。

1者応札が予想される場合、当該企業はできる限り高い金額で応札しようとするだろう。

予定価格が非公表であっても予想した額に合わせてくるはずである。一般的には前年度ベースなので同種の契約ならばほぼ予想通りとなる。不安であれば高めに金額を入れ、その後繰り返される入札で、どこかで金額が折り合うことになる。1者応札で再入札を繰り返すということは多い。

このようなケースには随意契約が妥当と考える人も多かろう。一昔前ならば、そうする発注機関が多かっただろうが、今は違う。複数の応募者が存在する「かもしれない」以上、随意契約の理由が立たないと考えられているからだ。つまり、随意契約が正当化できるのは、受注可能企業（あるいは適切な企業）が1者しかいないことが「明らか」な場合にのみに限定されると考えられているのである。

個人的な見解として随意契約はもう少し柔軟な利用が可能だと考えているが、一般にはそうではない。いわゆる「ゼネコン汚職」以降の四半世紀の間、公共契約は不正の温床として批判され続け、中でも随意契約と指名競争入札が標的となってきたことで、国も自治体も「一般競争入札さえ実施していればよい」というマインドになり、一般競争入札を批判回避のための「シェルター」として利用している感がある。

## 批判の対象が随意契約から1者応札へ

しかし、今度は1者応札・1者応募への批判が襲ってきた。「1者」とは「競争性の欠如」

を意味するのではないか、相応の参入者数が期待できるからこそ一般競争入札を実施しているのではないか、1者しか応募、応札がないというのは、発注の仕組みに問題があるのではないか、その背景には官民間の癒着があるのではないか――。そういった批判である。

２００８年12月、政府の行政支出総点検会議が「各府省は、1者応札・応募となった契約を精査した上で、応札者を増やし実質的な競争性を確保するための改善方策を検討し、公表すべき（だ）」と指摘して以降、各発注機関はこの「解消すべき問題」に悩み続けている。

「1者」はそれ自体「不正」か。そうではあるまい。不正によって1者になるのが不正なのであって、その逆ではないはずだ。しかし随意契約批判を回避することを自己目的化し、1者応札が予想されるケースにまで競争性を確保したような体裁を繕おうとした結果、再び批判にさらされることとなった。いまさら、過去のような随意契約を選択する訳にもいかない。特定の企業との癒着を批判されて随意契約を放棄したのだが、特定の企業のみの応札、応募が続けばそれもまた癒着と批判される。

このような批判に過剰反応した東京都の小池百合子知事は「1者の場合の入札手続きの中止」という大胆な改革を実施したが、契約手続きの遅れなど現場の混乱を招いただけで、期待された大幅な価格低下などのデータも得られないまま1年後に撤回した[13]。

発注情報を周知徹底するとか、公告期間を伸ばすとか、そういう対応にはおのずと限界がある。同じ企業が連続して受注しているような場合、公募をかけ応札に興味を有する企業が現れれば一般競争入札を実施し、そうではない場合に当該既存企業と随意契約を結ぶ「公募

13　谷川博「小池流入札改革」曲がり角、1者入札中止は見直しへ」日経クロステック2018年3月14日（https://xtech.nikkei.com/atcl/nxt/column/18/00142/00069/）など参照

型随意契約」という選択肢もあるが、問題を根本的に解決するものではない（手続きがよりスムーズになるという利点はある）。

## 要するに透明性の問題

結局、この問題は透明性の問題に行き着く。競争という手続きの利点は価格低下などの効率性にあるが、もう1つ、行政にとっての利点として「競争手続きそれ自体が説明責任を果たしている」ことも挙げられる。すなわち会計法や地方自治法の下、公共契約において求められる経済性の実現の要請に対して、競争手続きこそが効果的な手法として考えられており、それが採用されている限り、結果がどうであれ発注機関の義務を果たしていると理解される、というものである。

しかし、1者が続くようなケースでは、その説明責任が危うくなる。場合によっては構造的な問題がその背景にあり、発注機関としてはいかんともし難い状況なのかもしれない。もしくは不正・癒着が背景にあることも考えられる。残された手段は、説明責任を果たしていくしかない。

1者が続くことの事情を十分な情報公開を行った上で説明し、納税者に理解を求める必要がある。1者応札が続く案件を批判されて、「法令に基づいて適切に対処している」が「情報は公開できない」では誰も説得できない。

# 6 「体裁のための競争」が招く不幸

## 体裁だけの見積もり合わせ

少額随意契約に際して同じ企業が他の企業の見積書を持参していたケースが見つかったという報道をしばしば耳にする。あるいはある企業以外は白紙の見積書を提出し、金額を入れた唯一の企業を受注企業とするといった話も聞いたことがある。例えば、2022年には国立大学法人の東京農工大で、低額工事などの随意契約において複数企業から見積書を得たように装う不適切な契約が100件以上に及んだことが会計検査院の調べで分かった、と報じられている[14]。「受注企業が他社に見積書の発行を頼んだケースと、あらかじめ他社分を用意していたケースがあった」という。

会計法、地方自治法、あるいはこれらに準拠して定められる公共機関の規則においては、競争入札が原則で随意契約が例外だ。緊急性が高い案件や特許などの事情によって複数の企業を比較できない、その余裕がない場合もあるが、発注金額が安いという理由で認められる随意契約の場合は、複数の企業の比較は可能であるし、その余裕もある。そこで複数の企業から見積もりを取って比較し、安い方を採用するという方法が取られる。これを「見積もり

14　読売新聞2022年11月17日全国版東京朝刊31面

合わせ」という。仕組みとしては最低価格自動落札方式の競争入札と同様だが、「公告→入札」のプロセスがない簡易な手法であり、時間的にも（行政）コスト的にも負担が少ない方法だ。金額が小さいのでコストはかけられないが競争性は担保したいという要請に応えるもので、それ自体は合理的な仕組みである。法令やルールもそのように定めている。

同じ企業が他の企業の見積もりを持参していたというのであれば、それが手続き上問題であることについては疑いがない。価格の安さを競い合わせるのにもかかわらず、ある企業が競い合いの関係にある他の企業の価格が記載された書類を保有しているのであれば、競争制限の疑いが生じるのは当たり前だ。発注者である行政が問題意識を持たないのは不可解だ、というのが一般の感覚だろう。

## 無駄なコストの回避

なぜこのような事態が生じ、なぜ行政はこれを放置してしまうのだろうか。ニュースでは、複数の見積もりを取得する手間を省くなどの目的で慣例的に行われていたと報じているが、この効率化は競争制限のリスクに見合うのかと批判されるのは当然だ。

ポイントの1つは、これが文房具やコピー用紙、あるいはパソコンのような物品の調達ではなく、工事だということである。物品の調達、それも既製品の調達の場合、それを扱っている企業に問い合わせれば、すぐに値段が分かるだろう。見積もりに要する時間、コストがほとんどかからないからだ。しかし工事の場合、現場があるので、「いくらか」と問い合わせがくれば、予備的に調査しなければならない。もちろんかかる手間暇は様々だろうが、「見積もりのためのコストがそれなりにかかる」という点が重要だ。

例えば、ある学校の一部施設が壊れたので工事してほしいという要請がきたとき、目の前に工務店があった場合、そこに発注するのが簡便だ。ただ「見積もりを3つ取る」というルールがあれば、その工務店の他に周辺の企業を探して依頼をかける。周辺の企業は現場近くの企業に任せればいいと考えていれば、拒否するかもしれない。もちろん、その他の受注状況にもよるだろう。また複数の見積もりというルールが分かっていれば、自分が受注するとは限らない、と考えるだろう。発注者としては断られ続けるかもしれない。もしかしたら現場に一番近いところが引き受けるという業界の慣行があるかもしれない（それは十分にあるだろう。裏を返せば、断れないという事情もあるのだろう）。遠くになればなるほど、可能性は低くなる。結局、行政は複数の見積もりを取ることができず、強行すればルールに反してしまうことになる。その結果、どうなるか。企業側の事情も考えれば、ある程度は想像がつくだろう。

## 「言い訳」コンプライアンス

見積もりにはコストがかかる。そして見積もりを出す、出さないは企業の自由だ。それなのに競争のルールは硬直的である。だからゆがんだコンプライアンスになる。恐らく、行政側の勝手なエクスキューズは、「見積もりは複数取った」「中身は操作して（させて）いない」「だからルール通り」というものだろう。しかし、「何のためにそうするのか」という趣旨がそこでは意識されていない。「かけるコストに見合わない」というのが本音なのだろうが、本音を正面からぶつけるよりも形を整える方に傾いてしまう。

表面を繕うだけのコンプライアンスは随意契約では多いように思われる。ずっと昔の話であるが、ある国立大学が物品の発注に際し、「3割引きにしてもらえたから」という理由である企業と随意契約を結んでいたが、そもそもその企業は市場価格よりも5割高い値段で提示し、そこから3割引いただけの話だ、と聞いてあきれたことがある。その企業と癒着しているというよりも、トータルでのコストを考えれば使い勝手のよい企業を選んだというだけのことかもしれないが、そうであればそこを意識した発注の方法を考えればよいが、そうはならない。説明が面倒だからだ。結局、形だけ整えるというコンプライアンスの対応になる。問題視されればその場限りの対応で、根本的な治療にはならない。そういうケースが多いのではなかろうか。

# 第9章

# コンプライアンス
# 入札不正にどう向き合うか?

# 1 「やむを得ない」は通じない

## 「談合は必要悪など詭弁です」

令和の現在、「談合の善悪」が堂々と議論されていた昭和の時代は遠い過去のものとなり、「必要悪」といわれていた入札談合を擁護する主張は少なくなった。

平成に入り、いわゆる「ゼネコン汚職」をきっかけに急速に進められた競争入札改革や、日米構造協議を受けた独禁法強化の流れの中で、入札談合の余地は狭められていった。その決定打となったのは、2006年に大手ゼネコンが共同で行った「談合決別宣言」であった。独禁法の制裁は数次にわたり強化され、指名停止期間も拡大、談合発覚時の違約金特約も契約金額の20％程度が当たり前になった。入札談合に対するメディアの取り上げ方も大きくなり、その批判も強烈なものとなった。

「談合は必要悪など詭弁です」というコピーが入った公正取引委員会のポスターが最近、話題になった。「この業界の入札には昔からルールがあるのはご存知でしょう？　予定価格は教えてもらわないと困りますよ」という企業の働きかけに対して、「スムーズな事業執行のためなら、予定価格の目安ぐらいお伝えしても大丈夫かな」という発注担当者とのやり取りの漫画が挿入されており、「いかなる理由があっても、入札談合に関与してはいけません！」というコピーで締めくくられている。現在では談合を擁護する声は少数派だ。談合罪の事件で、ストレートな談合行為に無罪判決が出た**大津判決**（１９６８年）の頃とは実に隔世の感がある。

## 取り繕うのではなく堂々と

入札談合、その他入札不正は、公共契約において発注者が定めた手続きを逸脱し、競争を妨げ、不当に価格などの契約条件をゆがめる。結果、公的財源の不効率を生み出す、国民に対する裏切り行為である。そこに経営の安定のような業界の都合があったとしても、それは入札不正を正当化するものではない。そのよう

入札談合・官製談合の未然防止に向けたポスター
（出所：公正取引委員会）

な都合が本当に考慮されるべきならば、ランク制のような入札参加資格の設定や入札方式の選択において発注者が十分な説明責任を果たした上で、「堂々と」行えばよい話である。中小企業保護や地域振興といった政策的な考慮は会計法や地方自治法の枠組みの中である程度は実施可能であるし、そもそも官公需法のような政策的立法もあり、透明に、公正に行うことが可能である。指名競争や随意契約も条件次第で採用が可能である。

言い換えれば、入札談合やその他の入札不正は、発注者がそういった考慮ができる中で、あえて採用された競争入札という手続きに対する妨害行為、裏切り行為なのであるから、それを正当化する余地はない、というのが令和の現代におけるコンセンサスということだ。

入札談合事件において有罪判決を下すときの裁判所の態度は容赦がない。27ページでも触れたように**東京五輪談合事件**における元組織委員会次長の裁判では、公判において被告人は「談合しなければ、大会では大きな混乱が生じていた」と述べ、弁護側も「失敗の許されない大会で準備が遅れる中、大会成功への期待や重責を一身に背負っていた」という主旨の内容を話した。それでも、東京地裁は「競争入札の趣旨を軽視した安易かつ短絡的な犯行だ」と切り捨てている[1]。

## 絵に描いたような不正

ある地方議会議員が自治体職員から入札にかかる秘密情報を聞き出し、企業に提供、見返

---

1　読売新聞2023年12月13日東京朝刊14頁参照。ただ私的利益を追求した訳ではないなどの事情は量刑において多少の考慮要素となっている

りを受け取る――。経済小説の陳腐な題材になりそうな事件だが、実際、たびたび目にするものである。

例えば、近年では2022年7月に発覚した**江東区議会議長のあっせん収賄事件**が有名だ。江東区議が江東区の所有施設における清掃管理業務の発注に関する秘密にすべき入札関連情報を、企業の依頼を受けて、江東区幹部から聞き出して伝達。見返りに現金を受け取った。容疑はあっせん収賄である。

このような絵に描いたような不正はいつになったらなくなるのだろう。この区議は議員歴30年のベテランで、その前は衆議院議員の秘書だったようだ。つまり昭和の時代を知っている世代で、こうした便宜を図ることが政治家の役割であるというゆがんだ自覚がその根っこにあったのかもしれない。

ここ四半世紀で入札不正に対する世間の目が厳しくなり、これを取り締まる各種法令の強化、摘発の積極化が進んでも、そういった事件がなくならないのは、それを見逃す職場の慣行、雰囲気がいまだ残存しているからなのかもしれない。どのような経緯でこの事件が摘発に至ったのか、気になるところである。

議員から行政に何らかのアプローチを取ることは、それ自体不正ではない。「どこそこで住民が迷惑行為をしている。何とかならないのか」といった情報提供や住民サービスへの要望はよくある話だ。やるならば記録を残してオープンにやればよい。不透明になるから、圧力が横行し、結果、不正の温床になってしまうのだ。

## 明るいところでは不正はできない

そうした議員と行政との間の不透明なやり取りにこそ不正の温床があり、政官財のしがらみで行政がゆがめられているという問題意識を持ったある自治体の若い首長が、就任早々に議員からの不当な圧力や不正の働きかけについて全職員へアンケートを実施したことがある。そこで寄せられた多くの意見を受けて首長は、議員からの連絡を「記録に残す」ということを断行した。各種方面からの反発も強かったが、それによって（不当な）圧力は随分と減ったそうだ。中には行政への連絡を積極化した議員もいたが、「いいことをしている」アピールのために、記録に残すことは歓迎されたようだ。そういう良好なコミュニケーションは行政サービスを向上させるための取り組みなのだから、行政としてもウェルカムな話だろう。

不透明だからうまくいっていた部分もあっただろうが、透明さの欠如は不正を生み出し、縁故主義をまん延させる。公共入札については、かつてはこの不透明な部分は「必要悪」と呼ばれ、清濁併せのむ「どんぶり」的な発想が有効な問題解決だと考えられてきたようだ。しかし現在では、公正な競争と透明な契約が強く求められている。もちろん記録を残すだけで全てが解決する訳ではない。政治と行政が癒着していればそもそも何の意味もない。密会されれば対処しようがない。性悪説に立てば、結局は発覚時のペナルティーを重くする以外の有効な手立てはなくなってしまう。

# 2 一般競争にすればよい訳ではない

## 談合防止が唯一の目的か

一般競争が談合の抑止になるという主張は、一般論としてはその通りだ。ただ、条件による。一般競争の仕組み次第では指名競争と変わらない状況を作ることができるし、意図的に1者応札の構造を作ることもできる。入札参加資格や技術仕様などを操作すればそれが可能だからだ。あるいは一般競争であっても、緊急性を強調した提案型の総合評価落札方式にもかかわらず異常に短い公告期間を設定したり、総合評価落札方式における非価格点を操作したりして、特定の企業を意図的に有利にすることも可能である。つまり、「一般競争を利用したから安心」というわけではない。公共契約における不正が疑われたケースでしばしばなされる、「一般競争を利用しているので問題ない」という回答には全く説得力がない。

指名競争はなぜ用いられるか。会計法や地方自治法には指名競争が可能な場面を定めているが、総じて言えば、最初から契約企業として相応しい企業が一定数に絞り込まれている場合や、コストと時間のかかる一般競争に見合うだけの契約規模に至っていない場合に手続きの効率性を高めようという意図がそこにはある。発注機関の本音は、法令上の要請を受けてそうしているのではなく、単に「安心できる企業」を囲い込んでおきたいというところにあるのだろう。一歩進めて、特定のメンバーを応札企業に固定化させることで「業界の安定を図る」という思惑もあるだろう。その発想がさらにもう一歩進むと、それは談合になる。「業界の安定を図る」ことと「激しい価格競争に至る」こととは両立しないからだ。最近では予定価格に近い水準で最低制限価格が設定されることが多く、最低制限価格付近での競い合いのケースも目立っている。これは一般競争にも指名競争にも共通する問題である。

## 一般か指名かではなく実質

指名競争には多くの問題がある。それは事実である。しかし一般競争にも多くの問題がある。この点はもっと強調されてよい。「しないよりまだまし」という反論もあるだろうが、「体裁を作っておしまい」という対応こそが、コンプライアンス上、最も深刻な問題を招くのではなかろうか。重要なのは形式ではなく実質である。ただ、その実質が（落札率で表現される）価格の低下「だけ」で評価されるならば大いに問題だ。そのような「価格偏重の物の見方」が今でも世論には根強いが、2005年に制定され、2度の改正を経て今に至る公共工事品質確保法の趣旨は何なのかを改めて問い直す必要があるだろう。

問題は単純ではない。問題の単純化（問題の一部だけを恣意的に切り取って白黒を付けようとする議論と言い換えてもよい）は世論の操作には有効だが政策を誤らせるリスクを伴う。

「指名か一般か」の議論はその1つの典型例と言えよう。

## 予定価格が問題の発生源

国や自治体が企業から物品を調達したり、企業に工事を請け負わせたりする場合、原則、競争入札で契約者が選定され、価格などの契約条件が決定される。その際、開札よりも前に「予定価格」という価格が発注機関側において設定され、その額を超えない範囲で落札者が決定される。つまり予定価格とは上限価格の役割を果たすものである（予定価格自体は随意契約でも設定されるが、価格の競争がないと予算枠程度の意味しか有しない）。競争の手続きが必ずしも十分な価格低下をもたらすとは限らず、場合によっては発注機関にとって高過ぎる結果になる可能性もあるのだが、予定価格の存在はそういった「高い買い物を防ぐ」機能を有している。

この予定価格は、しばしば厄介な現象を引き起こす。予定価格の設定を誤れば有効な調達ができなくなる。低過ぎれば落札者がいなくなってしまい、調達ができず（再入札になり、時間をロスするので）、行政に支障が出る。予定価格はその時々の市況に応じて機敏に変化する柔軟性を持っていないので、競争の結果が予想外だった場合、発注機関は対処に苦労する。また、予定価格は確かに上限価格だが、裏を返せばそこまでは契約を可能とする額でもあるので、それを企業側が知れば、1者応札が予想されるケースでは満額で受注されることになる。1者応札でも競争の手続きを採用した以上、競争の結果に従うしかなく、そこからの調整は予定されていない。

## 事前公表か事後公表か

予定価格の引き起こす問題でここ数年、頻繁に生じているのが、予定価格の情報漏洩である。国の場合は予定価格の事前の公表はできないが、自治体の場合は選択できる。すなわち開札の前に上限価格がいくらなのかを開示することが可能である。各自治体の対応はバラバラである。事前公表から事後公表に切り替えるところもあれば、その逆もあり、また（金額や種類別で）併用するところもある。

予定価格が事前に公表されないと、漏洩の危険が生じる。競争入札にかかる情報の漏洩が入札の公正を害する場合には、それは犯罪（官製談合防止法違反など）になる。自己防衛のために事前公表に切り替えた自治体は少なくない。例えば、群馬県では2021年に前橋市の職員が非公表の予定価格をある建設会社の代表に漏らして逮捕される事件があった（**前橋市官製談合事件Ⅰ**）。それを受けて、前橋市や藤岡市、館林市、沼田市などが相次いで予定価格を事前公表に切り替えている[2]。富山県舟橋村でも2021年に予定価格の情報漏洩事件があり、村の幹部が官製談合防止法違反で逮捕、起訴された（**舟橋村小学校プール前広場整備工事談合事件**）。同村ではこの事件をきっかけに予定価格の事前公表に切り替えたという。

2　夏目貴之、青野昌行「入札参加者減で要件緩和する自治体、1者入札増加で有効化が主流に」日経クロステック　2023年10月20日（https://xtech.nikkei.com/atcl/nxt/mag/ncr/18/00198/101100003）

ではその逆はどうか。事前に公表されると何が問題なのか。かつて指摘されてきたのは、上限価格付近での談合が容易になってしまう点である。公正取引委員会などはそういった懸念点を強調してきた。業種によっては予定価格をかなりの精度で事前に推測することは可能なのであるが、それでもぴったりとした数字が知れているのとそうでないのとには大きな差がある。

　公共工事分野では、安過ぎる価格を防ぐために最低制限価格のような下限価格が設定されることが多い。その場合、事前に予定価格が公表されると、予定価格から一定の計算式に基づいて算出される下限価格もかなりの精度で予想されることになり、競争が激しければ価格が下限価格に張り付くことに

●国と特殊法人、全自治体における予定価格の公表時期

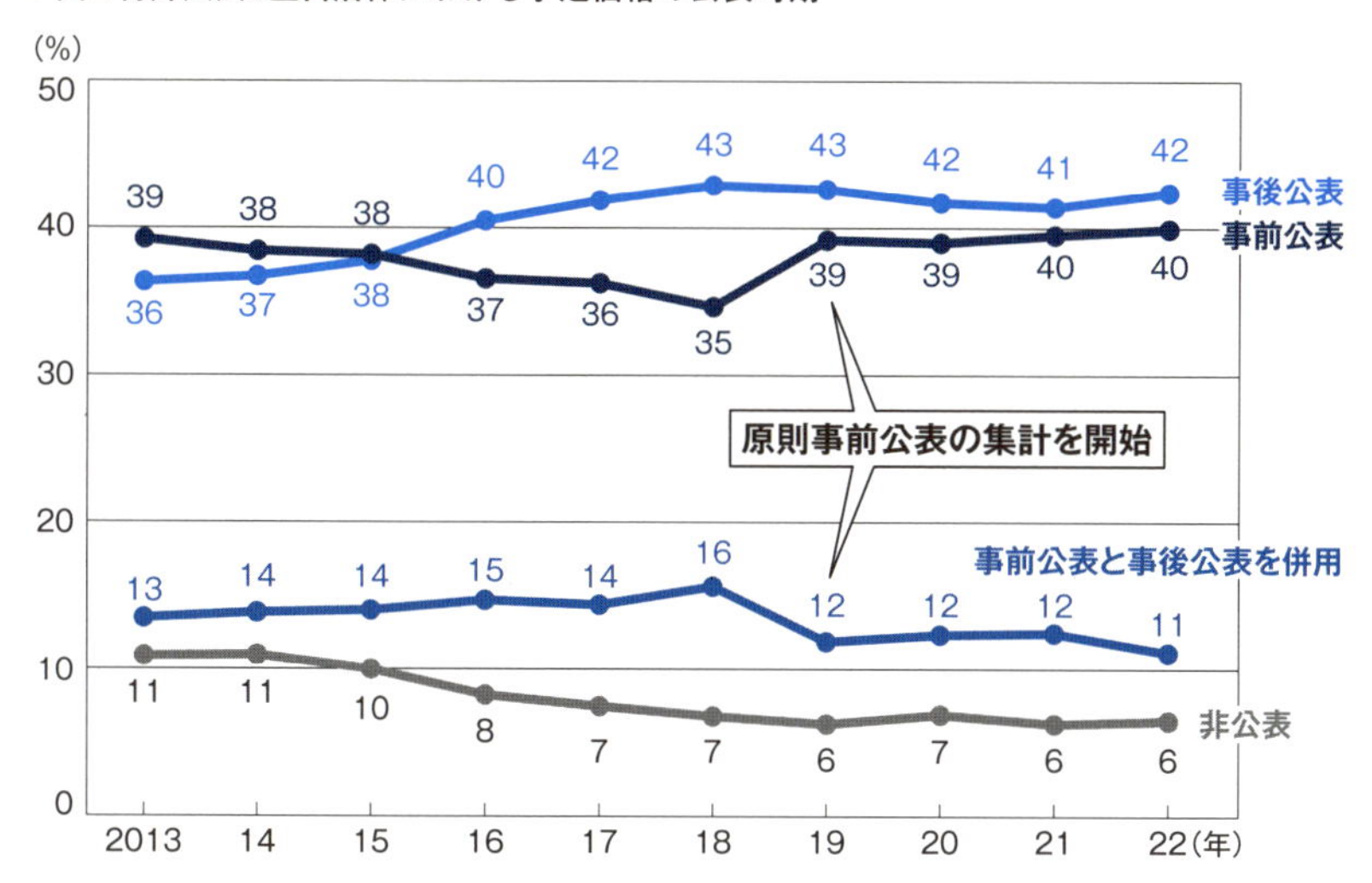


全て事後公表でなくても、原則として事後公表としている場合には「事後公表」に含めた。事前公表や非公表も同様(出所:国土交通省の資料を基に日経クロステックが作成)

なる。複数企業が下限価格同額で応札すれば、最低価格自動落札方式では、抽選になる。そういう事態が公共工事で頻発して、建設業界は予定価格の事前公表をやめるよう強く求めてきたし、国も同様の観点から事前公表に懸念を示してきた。そういった声を重視して、事前公表から事後公表に切り替えた自治体も少なくない。

各自治体の対応はバラバラである、といったのは、こういった事情のうち何を重視するかが異なるからだ。ある有識者が予定価格の事後公表について「情報を隠すから犯罪が起こる」などとコメントしたのをどこかで見たが、問題は単純ではない。予定価格を事前公表したことが談合を誘発したら、この人物は「情報を出すから犯罪が容易になる」とでもコメントするのではないか。

## 「やめてしまえばよい」という暴論

予定価格が漏洩される事件が起こった際、その予定価格を事前に公表してしまえば不正は防げる、という主張が出るかもしれない。あるいは最低制限価格が漏洩される事件が起こった際、不正の予防のためにはそもそも最低制限価格を定めなければよいという議論もあるかもしれない。しかしこれらは本末転倒だ。交通事故を防ぐために車を走らせるなという議論がナンセンスであることを想起すればよい（もちろんどんな場面でも下限価格が必要だとは筆者も思っていない）。最低制限価格を当てさせないためにランダムに係数をかければよいという議論は、多少の意味はあるかもしれないが、振り幅が小さければあまり不正防止の効果がない。振り幅が大きければ、制度の趣旨に反することになる。事前に公表すれば、確かに秘密でなくなるので情報の価値が失われる。この場合、最低制限価格付近で競い合っているのであれば、複数企業が同額でクジを引くが、それで果たしてよいと割り切れるか。

不正を防止することに固執して、意味のある制度の意味のある部分を失ってしまう。そういう単純で切り取られた議論は公共入札において頻繁に見かける。公共契約の世界では何か無駄になっているはずだという偏見があるかもしれないし、あるとすればその責任の一端はメディアにあると思われるが、そのような一見納税者のためを装う極端な議論がまかり通れば、いずれそのツケが納税者に跳ね返ってくるだろう。

## 魔物と化す予定価格

予定価格は手続き上、開札の直前に決定できなくはないのだが、公告（募集）段階で決定されていることが多い。それは「何を調達するか」が決まっているのだから、その段階で上限価格を決めておくのは当然、という発想があるからだ。発注者側の知識で予定価格を組めなければ企業から見積もりを取って組むことになるのだが、1者だけだと公正性が疑われるのでなるべく複数者から取ることが求められている。いわゆる「五輪アプリ」の調達で内閣官房情報通信技術（ＩＴ）総合戦略室も複数企業から見積もりを取ったのだが、担当者がある企業の見積もりを他の企業に見せたり、額をにおわせるような発言をしたりといった公正さを疑われる行為があり、第三者調査チームから「不適切」の指摘を受けて、関係者が処分されてしまったことは記憶に新しい[3]。

複数の見積もりを企業から取れば、一部企業が極端に低い額を示すかもしれない。発注機関が危惧するのは、これだ。一番低い額に合わせるのであれば簡単だが、仮にそれでよい調達ができなければ元も子もない。しかし高い額に合わせるならば、それ相応の重い説明責任が生じる。だから本音としては「そこそこいい値段」の見積もりが欲しかったのではないかという推測が可能である。いずれにしても複数企業から見積もりを取る趣旨には反するので「不適切」ということとなる。その後の競争入札への影響はなかった（不明だった）というのが第三者調査チームの結論のようだ。見積もりを取った企業に応札の意思がない場合、1者応札が予想されているような場合には、調査で得られた事実を前提にするならば確かにそういうことになるのだろう。

今後、後継のデジタル庁も同様の問題を抱えるかもしれない。民間人材の積極登用が同庁の売りのようだが、果たして調達の問題についてはどうか。見積書作成作業の有償、無償の問題も含めて、正面から問い直すべき課題ではある。より根本的には、予定価格という硬直的な上限拘束性を有する価格制度の存在が引き起こした問題である、と言えよう。

公共工事からシステム調達まで、性格は違うが、予定価格はしばしば行政を悩ませる「魔物」と化すのである。

3　例えば、読売新聞2021年8月21日全国版東京朝刊4面

# 3 内部からの浄化は可能か？

## 最高幹部が調査責任者に

入札不正は繰り返される。かつては「談合天国」とまで言われた日本である。確かに今世紀に入り、入札改革が進んで独禁法が強化され、指名停止の期間が延びて違約金額が大きくなり、入札不正はやりにくくなった。とはいえ、連日のように入札談合事件、入札妨害事件が報じられていることからも分かるように、入札の不正が根絶された訳ではもちろんない。官製談合事件も多い。

２０２２年、前橋市が発注した水道管工事の入札において意中の企業に落札させるために予定価格を漏らしたとして、前橋市の元副市長が、企業の社長とともに官製談合防止法違反などの疑いで逮捕された（**前橋市官製談合事件Ⅱ**）。

競争入札の予定価格を知る立場にある自治体のナンバー2が、特定の企業にこの秘密情報を漏洩した。談合の調整を容易にするための情報漏洩か、特定の企業を不当に有利にするための情報漏洩なのかは断定できないが、いずれにせよ犯罪である。

市行政に精通し、人脈豊富な人物で、恐らくではあるが周囲から慕われていたのだろう。

そういう人物が入札不正に関わることは、確かによくある話である。問題は次の点だ。前橋市役所では過去にも市職員が官製談合防止法違反などの疑いで関係者が逮捕、起訴され、有罪となっていた（本著256ページ参照）。そしてこの元副市長は事件の調査委員会の委員長だったのである[4]。

前橋市のホームページには「官製談合原因究明調査委員会」[5]の詳細があって、そこで、委員長には副市長が就いていたことが分かる。外部有識者もいるがその半数は市内部（部長クラス以上）から選出されている。もちろん、過半数、あるいは全員を外部にすればそれで良いということでは決してない。外部で固めても機能しなければ意味がない。

ひとたび入札不正が発覚した以上、内部者は常に疑うべき存在として扱うべきだ、などと言うつもりはない。内部者を調査に関わらせてはいけないと断言するつもりもない。ただ、市長は調査委員会を立ち上げる際、機械的に「委員長＝副市長」としたのではないか。コンプライアンスの最終的な責任者はもちろん首長だが、首長の命を受けるとするならばまずは右腕の副市長がチームリーダーの候補になる。人物的にも申し分なければなおさらだ。しかし、それは妥当だったか。

## 保身のための委員会になる

副市長自らが不正に関与するというのは「論外」だが、そうでなくとも、行政内部の人間

4　毎日新聞2023年4月4日群馬版19面
5　以下の記述については前橋市Webサイト（https://www.city.maebashi.gunma.jp/soshiki/somu/gyoseikanri/gyomu/4/5/27902.html）を参照

であれば「事を大きくしたくない」というマインドが働くのは自然であるし、自らが行政に長く関わってきたのであれば、傷口が大きく、深くなれば自身の監督責任も問われかねない。温厚な人物かどうかは関係ない。それは部課長クラスでも同様だ。そういった責任を問われる情報は部下から上司に上がりにくい。

前橋市における最初の事件では、市は不正の勧誘を受けた職員の数とその内容を調べるなど、それなりに調査し、予定価格の事前公表化（それがベストの対応かは別にして）など相応の対策を打ってきた[6]。副市長の不正は確かにその制度改革以前のものなので、改革後は同様のケースは二度と起こらない「過去のもの」なのかもしれない。

しかし、制度面はともかく、ガバナンス面から見れば極めて根深い問題がある。入札不正のケースでは利害関係の可能性すらない外部人材（犯罪が絡む場合は主として法曹）によって陣容を固めるべきだとは思うが、どのような人物に依頼し、どのようなミッションを与えるかなど、機能するか否かは、結局は首長のコミットメント（覚悟といってもよい）次第だ。市長は政治活動に熱心で、行政は右腕である副市長を信頼し、現場を仕切らせることが多い。不正に対する調査委員会も同様だ。しかし、その右腕が現場を仕切っているからこそ、不正の当事者にもなりやすいのだ。

この種の調査は、チームの中立性、独立性を保ちつつ、どうやって機能させるかが肝になるが、それが難しい。同じことは企業不祥事でも同じことが言える。調査委員会が関係者の保身を助けたり、あるいは「自分のため」に行動したりするようになれば、それは改善どこ

6　朝日新聞2021年5月18日朝刊群馬版19面

ろか改悪の結果を招く。前橋市のケースは、官製談合のような身内の起こす不正のガバナンスを身内に依存させてはならない格好の事例となった。

## 上司からの圧力に立ち向かえるか

調査委員会は最後の総括で、事件の要因が「元上司からの指示に応えたいという」当該職員の自身の気持ちや、当該職員と「業者との長年にわたる業務上でのつながり」の2点が考えられると言い、その結果、「不正の要求を断ることができず、予定価格を漏洩したと考えられる」と分析している。その上でこう記している[7]。

> 市政遂行のためには、職員と業者の協力が必要であるが、必要以上に親しい関係にならないよう、業者との接点は業務のみに留め、外部から疑念を持たれることがないよう、職員1人ひとりが意識して業務に取り組む必要がある。
> また、上司などからの指示であっても、公務員としての倫理に優先して不正の指示に従うことがないよう、職場環境の構築及び職員の倫理意識を向上していく必要がある。

2度にわたり発覚し、立件された前橋市のケースにおいて、最終的な登場人物は最高幹部である副市長だ。報告書は「上司などからの指示であっても、公務員としての倫理に優先し

7　5の資料参照

て不正の指示に従うことがないよう、職場環境の構築及び職員の倫理意識を向上していく必要がある」というが、上からの指示どころか、上の犯罪だった。首長やナンバー2が積極的に関わる不正について、組織は沈黙しやすい。

## 外部の厳しい目を

内部の自浄作用には限界がある。自浄作用を発揮させようとするとかえって自分の責任問題になる可能性があるからだ。それは自治体であっても国であっても同様だ。不祥事の存在はできる限り認めたくないし、仮に発覚したとしても小さく見せようとする。内部監査部門があっても、その職員は同一機関での一つ屋根の下の同僚であれば萎縮してしまう。そこで重要になってくるのが利害関係のない第三者の存在である。

筆者は現在防衛省で、深刻な官製談合事件（**防衛施設庁発注の建設工事を巡る官製談合事件**[8]）を機に設けられた公正入札調査会議の会長を務めている。自浄作用には限界があるからこそ、外部の厳しい目が必要だ。そしてそのメンバーは事務局から少々嫌われる程度の内容を指摘する人物がちょうどよい。もちろん、こうした委員会において外部有識者はフルタイムでのコミットメントができない。**新潟県新発田地域振興局発注の工事の入札を巡る官製談合事件**の後に開催された県入札監視委員会の席上、同委員が不正の「指摘は現状では限りなく不可能に近い」と述べた報道もあった[9]。その機能化、充実化は確かに課題だ。

---

8　防衛施設庁史編さん委員会編集「防衛施設庁史」(2007年)第1部第9章第7節参照
9　新潟日報2023年10月18日(最終改正)Web記事参照

# 4 談合情報に接したら？

## 年金機構のケース

2022年3月3日、公正取引委員会は、日本年金機構が発注する特定データプリントサービスの入札の参加企業に対し、独禁法違反を認定し、これに基づき排除措置命令及び課徴金納付命令を行ったことを発表した（**特定データプリントサービス事件**）10。独禁法学者としては、日本年金機構というと、今から30年前の旧社会保険庁時代の「**シール談合事件**」（支払通知書等貼付用シールの入札談合事件）を思い出す。その後も、**紙台帳などとコンピューターの記録との突き合わせ業務の入札に関連した官製談合防止法違反事件**が発生したこともあって、日本年金機構は筆者にとって、ある意味、なじみのある公共調達の発注者だ。官製談合防止法違反事件については、筆者は当時設置された「紙台帳等とコンピュータ記録との突合せ業務の入札に関する第三者検証会議」のメンバーだったので、この組織には人一倍思い入れがある。

30年前の事件と現在の事件は、印刷業界が舞台となっている。差別化が難しく値崩れしやすいのかもしれないし、あるいは業界の体質なのかもしれない。競争よりも協調の方に傾き

10 公正取引委員会Webサイト（「（2022年3月3日）日本年金機構が発注するデータプリントサービスの入札等の参加業者に対する排除措置命令及び課徴金納付命令等について」（https://www.jftc.go.jp/houdou/pressrelease/2022/mar/220303daiyon.html））参照

●特定データプリントサービスに関する日本年金機構への要請について

**1　本件審査の過程において認められた事実**

(1) 日本年金機構は、平成28年1月末頃、特定データプリントサービスの入札において、いわゆる入札談合（以下「談合」という。）が行われている旨の情報（以下「本件談合情報」という。）について通報を受け、内部調査を行ったにもかかわらず、その結果を含む本件談合情報を公正取引委員会に通報しなかった。

(2) 日本年金機構は、特定データプリントサービスの入札について、入札前に入札参加者が他の入札参加者を把握することができる方法により実施していた。

**2　要請の概要**

(1) 前記1（1）の対応は、その判断が適切なものとはいえないものであった。また、前記1（2）の方法による入札の実施は、26社以外の者が入札に参加した場合、26社は入札価格を下げるなどの対応を採るなどして談合を行いやすくさせていたものであり、入札における公正かつ自由な競争を確保する上で、適切なものとはいえないものであった。

(2) よって、公正取引委員会は、日本年金機構に対し、次のとおり要請を行った。

ア　今後、談合情報に接した場合には、日本年金機構の発注担当者が適切に公正取引委員会に対して通報し得るよう、所要の改善を図ること

イ　日本年金機構の入札方法について、入札前に入札参加者が他の入札参加者を把握することができないよう、入札方法の見直しなど、適切な措置を講じること

（出所:公正取引委員会）

やすい傾向があるのだろうか。しかし受注者側の事情はどうであれ、他の公共調達の発注者同様、年金機構は入札不正の被害者の立場にあるのだから、不正の情報には常に敏感でなければならない。ところが、近年問題になった**特定データプリントサービス事件**の入札においては、公取委は被害者である年金機構に対して改善要請を行っている。前ページで、公取委の報道発表資料を引用した（「26社」とは受注調整に参加した企業のことである）。

## 過去の経験は生かされなかった

日本年金機構は談合情報が上がってきて調査対象となったものの、公取委などへの通報を行っていなかった、という。当時の状況の詳細は分からないが、公取委が後に独自のルートで情報を収集し、違反の摘発に至ったのであるから、結果論でいえば、日本年金機構の対応がつたなかったということになる。過去に大きな事件の被害者となり、あるいは内部職員が入札不正に関与した経験がある発注者としては、ずさんな対応だったといわれるのは避けられまい。

組織のコンプライアンスの在り方は、自らが違反を犯す場面においてのみ問題になるものではなく、自らが被害者になる場合も問われるべきものである。いかに不正の発生を未然に予防するか、不正を疑った時にどう対処すべきかについて判断を誤れば、それは私企業であれば株主をはじめ、様々なステークホルダーの損害につながることになるし、公的組織であればそれは納税者の損害となる。不正による被害を発生させ、あるいは拡大させることは、それが避けられた発生や拡大なのであれば、自らが不正を犯したのと半ば同じようなものである。

なお、上記の改善要請には「入札前に入札参加者が他の入札参加者を把握することができないよう、入札方法の見直しなど、適切な措置を講じること」という指摘もある。報道を見る限りでは、これは日本年金機構が受注希望者のために説明会を開いていたので、そこに集まった企業を確認することで談合の実行可能性を把握できた、ということのようだ。受注希望者を同じ場所に集めないことは、談合防止の有効策の1つとしてかつて指摘されており、これでは間接的に談合をサポートしていたと言われても仕方あるまい。

発注者の対応のミスが談合を招き、談合の摘発を遅らせてしまったという理解を前提にするならば、この事件は、組織のコンプライアンスを考える重要な材料を提供するものとなるに違いない。

## 談合情報の出所

談合情報はどこから届くか。これは様々である。問い合わせのメールアドレスを通じて届くものもあれば、担当部署にファクスが送られてくる場合もあるし、手紙のような形態もある。また、メディアからもたらされる場合もある。ほとんどの場合が「匿名」であり、「顕名」

はほとんどない。不正の告発であるから、漏洩、報復を恐れて匿名になるのは自然な話であるが、それが担当者を悩ませる。

顕名であればその分、信憑性が高まるし、不正が事実ならば情報提供者にアクセスし証拠に接する可能性を高めることができるのだが、匿名の場合は送られてきた断片的な情報しか材料がないまま不正の有無を判断しなければならない。国や自治体が作成している、いわゆる「談合情報マニュアル」では、「内部情報を知っている人物でないと書けない内容かどうか」が重要な基準とされている。例えば、指名競争入札で非公表のはずの被指名企業が正確に記載されていれば、談合に直接接した企業からの情報提供であることが推察される。しかしだからといって不正の内容が正確である保証はない。

いつも疑問に思うことがある。談合情報がもたらされ、それなりに疑いがあると判断されたとき、発注機関は応札企業に（通り一辺倒の）ヒアリングを実施して、談合の有無を確認しようとする。しかし、この手続きにどれほどの意味があるというのだろうか。ヒアリングを受けて不正を認めるケースはほとんどない。あっても手続き上のミスを認めるぐらいで、企業が「談合という犯罪」をこの段階で認めることは、まず期待できない。むしろ「談合隠し」のきっかけを与えることにもなりかねない。

そこで担当が決まって口にするのが、「私たちは捜査機関ではないので、これが限界だ」ということだ。確かにその通りで、裏の取れない談合情報だけなのだからそうなるはずである。仮に確固たる証拠が得られたのならば、手続きを即刻中止し、ヒアリングなどせずに公取委や警察にそのまま情報提供すればよい。ほとんどのケースで中途半端な対応となるが、それが現実である。

不正が疑われていても手続きをそのまま進め、情報を公取委などに提供し、違反が摘発された後に、契約金額の20%に及ぶ違約金を相手に請求する対応でよいようにも思える。ただ、違反が実際にありながらも摘発に至らない場合には、高値の契約を余儀なくされながらも違約金を取れないということになる。疑わしさの程度にもよるが、それが払拭できない場合には手続きを中止し、再度、入札の手続きを行うという対応が多い。重要なのは、それが違反の摘発の重要なきっかけになるかもしれないのだから、明らかな誤情報を除いて、公取委や警察にその情報を適切に伝える必要がある、ということだ。

## 対応が難しい官製の不正

対応が難しいのが官製談合、官製不正の場合である。発注機関の職員が情報を漏洩している、談合に関与している、特定の企業を不正に優遇している、といった情報がもたらされたとき、担当部署は「身内を疑う」ことになる。不正を指摘するメールが自身のところに届いた場合、責任者はどう対応するか。身内から不祥事が出ることを嫌がり、その提供された情報を過小評価することはないだろうか。その情報が首長に直接もたらされたとき、首長は事実であれば自身の責任が追求されることになるその情報をどう処理するか。その逆に、発注担当部署に首長の不正を指摘する情報がもたらされたときに、どうするか。その首長に「あなたは不正をしていますか」とヒアリングをかけるのだろうか。

不正にかかる問題については、自身の問題を自身で処理させてはならないし、上司の疑惑を部下に処理させてはならない。ポイントは、第三者の手に委ねることだ。外部弁護士に対応を委ねているという話をよく聞くが、それは自らの不正を法の専門家である（公正、中立な）他者に委ねることで、適正な事案処理にコミットするとともに、不正の防止にも役立つという発想に基づいている。情報提供の窓口をそちらに設けることで、漏洩、報復のリスクを少なくできる。ただ、その第三者が本人の利益を代弁するような立場になってしまう危険がなくはない（これは、しばしば企業不祥事対応として構成される第三者委員会に対してなされる批判である）。詰まるところ、この中立性、公正さを担保する仕組み作りが重要な課題ということになる。組織のコンプライアンスにかかる問題の本質は、まさにこの点なのだと思う。

# 第10章

# 急がれる<br>ルールの整備

第10章

# 1 厳罰化に向けて

## あまりに低い制裁の水準

入札不正に対してどのように向き合えばよいのか。入札不正は不正である以上、不正を働く企業やこれに関与する発注者（側職員）に対してその抑止を図るのが最もストレートな解決方法である。

入札不正のうち、例えば独占禁止法違反としての不当な取引制限規制違反ならば、企業に課徴金が課されたり、場合によっては刑事制裁が科されたりする。この課徴金の算定率や刑事制裁の法定刑を引き上げれば、その分の抑止効果が期待できることになる。

現状では、不当な取引制限規制違反に対しては、課徴金の算定率はベースとして違反行為によって影響を受ける売上額の10％を出発点として諸般の事情で増減を調整することになる。EU（欧州連合）の競争法では、同種の制裁金はその上限が当該企業の直近年度の総売上額の10％となっており、制裁金の算定率ベースも日本との比較で相当に高い。単純な比較はできないが、少なくとも上限はEUの方がはるかに大きいことだけは分かる。

一方、刑事罰については違反行為者個人に対する法定刑は「5年以下の懲役又は500万円以下の罰金（あるいはその併科）」となっており（89条）、法人に対しては「5億円以下の罰金」となっている（95条）。その軽重はここでは論じないが、個人に対して科される懲役刑は例外なく執行猶予が付されていて、それでは不十分ではないかという運用面での批判はあるだろう。加えて、法人に対して科される罰金の上限である5億円という額は大規模談合事件で得られるだろう大きな不当利益を想起すると、果たしてそのような上限額で妥当なのか、という問題意識は自然に生まれるものである。

刑法典の犯罪、すなわち公契約関係競売入札妨害罪、談合罪、そして官製談合防止法違反罪については個人に対する罰しか定められていない。法定刑もそれぞれ、独禁法のそれを超えるものではない。法定刑の軽重は今後も問われ続けるだろう。

## 妨害しても制裁なし

問題なのは、独禁法違反のうち不公正な取引方法（19条、2条9項）における課徴金の対象外の違反類型である。具体的には、取引妨害規制（2条9項6号、一般指定14項）が適用される場合である。既に述べたように、**農林水産省東北農政局事件**を巡る不正では、公契約関係競売入札妨害罪などにも違反したであろう事案であるが、当初は入札談合の疑惑で公正取引委員会が動いた事案だったことが推測され、それゆえに談合での摘発を断念した後も不公正な取引方法という独禁法の内部で事案を処理したようだ。刑事罰や課徴金の射程外として扱われるこの違反類型の実効性については、今後他の違反類型との比較の中で詰めて考えられるべきだろう[1]。

法的制裁だけではなく、入札不正を行った企業に対しての違約金請求や入札参加資格停止などの契約過程における発注者側の対応も有効な抑止策になり得る。違約金請求は契約金額の20%、場合によっては30%にも及ぶものであり、見た目だけでいえば独禁法よりも重い。また、予決令71条は「3年以内の期間を定めて」入札参加資格を奪うことができると定めている（いわゆる指名停止）が、仮に3年の資格停止となった場合には、受注企業にとっては致命的である。

実際に**奈良市談合事件**では、談合に関わった建設会社が2009年9月から2年間の指名停止を受けたが、その影響で廃業や社員の解雇が増え、指名停止期間の短縮を求める運動が起こった[2]。奈良市内に本社を構える建設会社約700社のうち、201社が指名停止となった。指名停止で仕事に影響が出る人たちが期間の短縮を求める嘆願書や署名を市長に提出。市は最終的に、コンプライアンス研修への参加や法令順守の誓約書の提出などを課すことを前提に、入札参加停止措置要領の「情状酌量すべき特別の事由が明らかであるとき、指名停止期間を2分の1にできる」という規則に従って、1年間に軽減した。

重要な視点は、「やり得にならない」ということである。発覚率を考えたら、違反をするのとしないのとで前者の方が合理的というのであれば、法的制裁は機能しない。一罰百戒的

1　例えば、不当廉売規制（2条9項3号）は私的独占規制（3条前段）の予防的規制であると説明されつつも課徴金賦課の対象行為となっている。取引妨害規制も同様の位置付けがなされ得るが、課徴金賦課の対象行為とはなっていない

2　真鍋政彦「談合倒産の悲鳴」日経コンストラクション2009年12月25日号36～42頁などを参照

●奈良市談合訴訟

| 2007年3月 | 奈良市民が市長を相手取り、31件の工事で損害賠償請求の住民訴訟を起こす |
|---|---|
| 2008年3月 | 奈良地方裁判所が約6300万円の損害額を認定 |
| 2009年4月 | 大阪高等裁判所への控訴審判決で被告が敗訴 |
| 2009年8月 | 最高裁判所が上告を不受理 |
| 2009年9月 | 奈良市が31社に総額約6300万円の損害賠償請求、31件の工事に関わった201社に2年間の指名停止 |
| 2010年8月 | 奈良市が2年間の指名停止期間を1年間に軽減する措置を発表 |

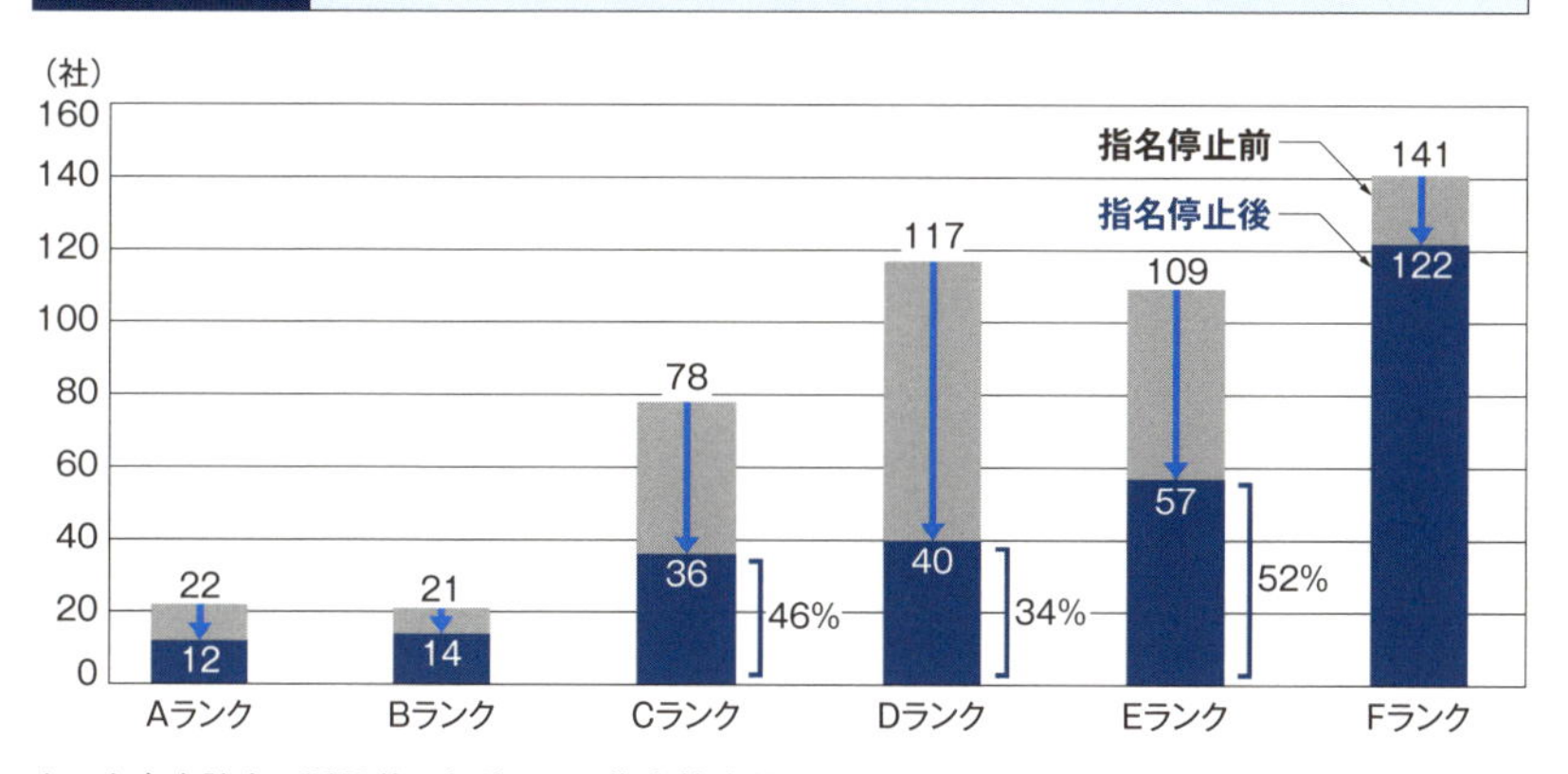


上は奈良市談合の訴訟後の経緯、下は指名停止前後のランク別入札参加資格者（土木業種のみ）の推移。指名停止後の入札参加資格者は2009年9月末時点の数字
（出所:奈良市への取材を基に日経コンストラクションが作成）

な発想は、刑法における罪刑均衡の要請との抵触の問題が生じるが、政策目的の実現のために合理的な制度設計が柔軟に可能な課徴金制度では、より大きな制裁のスキームが設計可能なのではないだろうか。

しかし、発注者側にも原因がある場合がある。収賄のケースは当然のこと、そうでないケースにおいても強力な制裁の仕組みが求められる。

# 2 体裁からの脱却

## 「言い訳」を誘発するルールの見直し

一方、契約制度が不正を生むこともある。既に述べたように、少額随意契約の見積もり合わせで、複数の見積書をある企業が提出する事態が生じるのは、そもそも特定の企業との癒着があるからではない。例えば工事現場に最も近い企業と特命随意契約を結ぼうとしているものの、見積もり合わせの体裁を取り繕おうとしているからである。見積書を出すのにもコストがかかる。工事現場に近くない企業に見積書を依頼しても応じないかもしれない。

しかし「3つの見積書を比較する」というルールを発注者は守ろうとする。なぜかというと、予決令99条の6に「契約担当官等は、随意契約によろうとするときは、なるべく二人以上の者から見積書を徴さなければならない」と定められているからである。地方自治法、同施行令には同様の規定は存在しないが、国の取り組みに準じて、2つ、あるいは3つの見積書を徴取することが標準的になっている。例えば、東京都では東京都契約事務規則34条で「契約担当者等は、随意契約によろうとするときは、契約条項その他見積りに必要な事項を示して、なるべく二人以上の者から見積書を徴さなければならない」と定めている。

しかし、単純な物品であればともかく、一定のコストがかかる建設工事の見積書を無償で請求することには難がある。もちろん、受注の見込みやそこから得られる売り上げ、利益との兼ね合いを踏まえて、無償で応じる場合もあるだろう。それでも3者の見積もり合わせの場合、少額で受注の可能性が3分の1の案件に興味を示すかどうかは不確実である。場合によっては、現場に一番近い企業以外は見積書の徴取に応じないかもしれない。

現場に近い企業が受注するのは当然で、その他の企業は見送るのが通常、そういった慣行は地方ほど強くなっているようにも思われる。そもそも、現場に一番近い企業の方が近隣住民とのコミュニケーションが楽な場合もあろう。縄張りという発想もあるかもしれないが、発注者からすれば、問題が少ない方を選びたい。競争的な手続きを用いれば、現場に一番近い企業であっても、他の企業が受注する可能性があればあえてそこを取りに行かないかもしれない。競争手続きはかえって発注者の不利益になるかもしれない。

## 「堂々と説明すればよい」ルール作りを

発注者は不確実性よりも確実性を重視する。必要があって工事をする（させる）のだから、失敗しない方策を選びたい。実質的には特命随意契約のようなものにしたいが、ルールは見積もり合わせになっている。そこで、体裁を作ろうとするのである。ただ複数の見積書をそろえればよいという発想に陥りやすい。

しかし、そのリスクは受注者及びその協力企業に向かう。なぜならば、見積もり合わせもある種の競争であるからだ。第4章で**アインHD事件**を紹介したが、随意契約でも価格競争が主たる要素ならば、それが公契約関係競売入札妨害罪の射程内であることは否定できない状況にある。問題はそれが慣行として定着していれば、公契約関係競売入札妨害罪のリスクは企業に襲いかかるということである。3つの見積書を1つの企業が中身が見える状態で持参すると競争手続きの逸脱が疑われる。捜査当局が追及し、企業が他企業の価格操作を認めれば犯罪の成立が濃厚となる。そのようなリスクを発注者が受注者に負わせているのである。

これまでやむを得ない、と放任されてきたのかもしれない。しかし、第1章で述べたように、贈収賄のケースに至らない入札不正だとしても、「法律はもう容赦しない」のである。

ではどうすればよいのか。もう一度予決令99条の6を確認しよう。「契約担当官等は、随意契約によろうとするときは、なるべく二人以上の者から見積書を徴さなければならない」と定めている。「なるべく」と「ならない」が日本語としてマッチしていない感覚も抱くが、いずれにせよ「なるべく」であることに注意が必要である。つまりケースバイケースで対応すればよい。例えば、3者に見積書を依頼し仮に提出した企業が1者でも有効なものと扱う、あるいは工事現場に近接した企業が1者しかいない場合はその他の企業にも見積書の提出が期待できても1者の見積書の提出で有効なものと扱う、といった対応が考えられる。形式上3つそろえて説明責任とすることの方がはるかに問題である。そのような体裁を繕うコンプライアンス対応ではなく説明の方に注力すべきだ。

# 3 透明性と説明責任

## 入札だから問題ないという詭弁

「一般競争入札のプロセスを経たから問題ない」というのは詭弁である。一般競争入札のプロセスが公正だったかどうかが問われるのであって、一般競争入札だから公正なのではない。「公正なルールに基づく一般競争入札を公正なプロセスで実施したから問題ない」と言えるかどうかだ。

競争という体裁を繕えば説明責任になるという発想は確かに、「それが原則だから」というイクスキューズにはなる。しかし、その体裁へのこだわりが実態と乖離するとき、入札不正へと発展する。形式だけの見積もり合わせは公契約関係競売入札妨害罪を構成し、発注者職員が職務としてこれに関与すれば官製談合防止法違反を構成する。企業間で価格の申し合わせが認められれば、談合罪にも当てはまり得る。規模次第では独禁法の出番があるかもしれない。

1者応札は確かに格好が悪い。色々詰問され、改善へ向けた施策を各方面から要求される。かつての東京都のように1者応札になった公共工事の入札を有効なものとして扱わず、やり直しにするという場合もあり得る[3]。

そうした場面を避けようと、発注者はしばしば企業に声かけする。声かけだけならばまだしも、応札を強く要求することがある。それも受注意欲のない企業に「形だけでいいので」と誘うことがある。受注意欲のないこうした企業は、応募するが応札せずに辞退し、あるいは応札するが明らかに受注できない金額を入れる。予定価格を超える金額を入れれば確実に受注企業にはならない。こうしたダミー応札の実態は、かつては国の調達でも自治体の調達でもよく耳にした。

## 想像以上に広い犯罪の射程

しかし、私たちは**国循事件**の判決（第4章2以降参照）を通じて、公契約関係競売入札妨害罪の保護法益が個別の入札における競争の機能ではなく、より広い、一般的な観点から見た調達制度としての競争手続きに対する国民の信頼なるものに見いだされていることを知った。繰り返すと、「たとえ、元から自由競争が形骸化していたのだとしても、お付き合い入札の企業を参加させてあたかも自由な競争が成立しているかに装うことは、他の入札においても同様のことが行われる場合が多く、自由な競争は見せかけのものにすぎないとの印象を一般に与え、入札等の公正さに対する公衆の信頼を大きく損なうもので、自由競争の原理に対する具体的危険の発生を肯定できる」というのである。

3　第8章5参照

つまり刑法は体裁としての競争を許さない。形式と異なる実態がありながらもその形式を採用することを犯罪として扱おうとしているのである。

形式と実態とが乖離するとき、そこに入札不正の余地が生まれる。結果としてそうなっているのであればまだしも、それを意図的に作出することになるのであれば、受注者、発注者、あるいはその両者の共同作業であっても、刑法は許さない。もし、法令という形式が実態に合っていないのであれば、実態を変えるか、あるいは形式を変えるかしかない。形式を変えるとはどういうことか。それは法令を改正するということに他ならない。

# 4 随意契約革命？

## 使い勝手の悪さ

これまでも述べてきたように、発注者が競争入札にこだわる1つの理由が、随意契約の使い勝手が悪いからだ。確かに、会計法でも地方自治法でも随意契約は一定の場面において認められている。しかし、公共工事であれば同一現場における過去の同種工事の受注実績、工事の施工とその後のメンテナンス、地域的特性による応札可能企業の欠如といった様々な要因により、1者応札が予想されつつも、随意契約が成り立たないケースは多々ある。ある工事の競争入札で不成立が出た場合は随意契約ができるが、その際予定価格などの条件は変えられない。再度入札して落札者がいない場合も同様である（予決令99条の2及び3、地方自治法施行令167条の2第2項）。

しかしこれは不合理で、予定価格が低過ぎて応札者や落札者が現れない場合には、同じ条件であれば随意契約を結ぶのは困難である。他の随意契約理由は見いだせない。再度入札しても結果は期待できない。条件を変えて新規に競争入札をやり直すという手は時間がかかるし、前の条件を変更する理由に苦労する。

確かに、このような場合、時間的な制約も考慮し、「競争に付することを不利と認めて随意契約によろうとする場合」に該当すると言えるかもしれないが、以下の予決令102条の4が規定する制約に直面する（下の図参照）。

同一工事現場の同種工事の追加、あるいは密接に関連する工事の追加のような場合には4項イに該当するだろう。2つの工事の関連性が特に強く、両者の同一性が認められるのであれば、対応する工事がまだ履行中という前提だが、契約変更での対応が通常なものとなろう。しかし、そうでもない限り、財務大臣との協議の対象になってしまう。これは手続き的に非常に面倒だ。

ある工事で不成立が出たとする。再度の入札手続きでも有効な応募者、応

●随意契約に関する条項を抜粋

各省各庁の長は、契約担当官等が指名競争に付し又は随意契約によろうとする場合においては、あらかじめ、財務大臣に協議しなければならない。ただし、次に掲げる場合は、この限りでない。

（中略）

四　競争に付することを不利と認めて随意契約によろうとする場合において、その不利と認める理由が次のイからニまでの一に該当するとき。

イ　現に契約履行中の工事、製造又は物品の買入れに直接関連する契約を現に履行中の契約者以外の者に履行させることが不利であること。

ロ　随意契約によるときは、時価に比べて著しく有利な価格をもつて契約をすることができる見込みがあること。

ハ　買入れを必要とする物品が多量であつて、分割して買い入れなければ売惜しみその他の理由により価格を騰貴させるおそれがあること。

ニ　急速に契約をしなければ、契約をする機会を失い、又は著しく不利な価格をもつて契約をしなければならないこととなるおそれがあること。

（後略）

（出所：予決令102条）

札者は期待できない。近くで工事を進めるある企業に、予定価格を引き上げてその工事を随意契約で請け負わせることは可能だろうが、不成立に伴う随意契約の場合、予定価格の引き上げはできない。一方、「競争に付することを不利と認め」る場合として随意契約を行おうとする場合には財務大臣との協議が必要になってしまう。その他の随意契約理由が見つからない場合、競争入札を繰り返して、あるいは同じ予定価格での随意契約を目指すことになるが、契約に至らないままに時間が過ぎる。結果、緊急随意契約が認められるまで切羽詰まって初めて随意契約ができる。そういう手続きはあまりに非合理でリスキーだ。

## 会計検査院の指摘とその先

そこで、不成立が生じたような場合には、会計法令に記載がないという理由で契約変更によって近くで工事をする当該企業の契約を変更して別工事を追加するというケースが実際に生じることとなる。しかし、これはある種の法の抜け穴である。この理屈が通るならば、どんな別種の工事でも実質随意契約が認められることと変わらない。会計検査院は過去に、このような事案を不適切だと指摘したことがある（２０１５年度会計検査院報告[4]）。

会計検査院に指摘されるだけならまだましかもしれない。というのは、本来競争入札をすべき発注について、法令に規定がないからといって契約変更で処理すれば、恣意的な入札の回避としてそれ自体入札妨害と評価され、公契約関係競売入札妨害罪や官製談合防止法違反

---

4　会計検査院Webページ（https://report.jbaudit.go.jp/org/pdf/H27kensahoukoku.pdf）参照

罪に問われかねないからである。繰り返すと、これらの保護すべき競争とは公衆の信頼の対象としてのそれであるというのが現在の司法の態度であり、競争すべき場面において競争させなければそういった信頼を害することになると警察や検察に判断され、そういったケースも立件の対象になるということは否定しきれない。

## 出口としての立法

このような状況を打開するためにはどうすればよいか。随意契約の理由を定めるのが会計法令なのだから、法令による対応がストレートで有効だ。しかし、会計法や地方自治法の所管は財務省、総務省であってその辺りの調整に時間がかかる。

そこで機動力を発揮するのが議員立法である。公共工事分野には２００５年制定の公共工事品質確保法がある。２０２４年６月、公共工事品質確保法が改正され、随意契約理由を法的に追加したのである。新設された21条は次の通り定める[5]。

発注者は、その発注に係る公共工事等に必要な技術、設備又は体制等からみて、その地域において受注者となろうとする者が極めて限られており、当該地域において競争が存在しない状況が継続すると見込まれる公共工事等の契約について、当該技術、設備又は体制等及び受注者となることが見込まれる者が存在することを明示した上で公募を行

5　公共工事品質確保法のその他の改正点については国土交通省Webサイト（https://www.mlit.go.jp/totikensangyo/const/totikensangyo_const_tk1_000193.html）参照

い、競争が存在しないことを確認したときは、随意契約によることができる。

これはしばしば各省などで利用される事前確認公募型の随意契約のように映る。例えば文部科学省が採用している事前確認公募型の随意契約は、「一般競争入札又は企画競争において過去2年以上連続で同一者の一者応札（応募）となっており、かつ、その理由が特殊な設備又は特殊な技術等を有する者が一しかないと考えられるものについて、文部科学省物品・役務等契約監視委員会の意見を聴取した上で特殊な設備又は特殊な技術等を有する者が1しかないと認められる場合」[6]に用いられている。21条の「当該技術、設備」といった文言は、この方式をモチーフにしていることをうかがわせる。それに続けて「体制」という文言を用いているのは、実際に受注能力などの制約からその地域において既に工事をしている建設企業以外に、契約相手を見つけるのが困難だというケースを想定しているのだろう。これに事前確認公募を行うという手続きの実行を要件として、随意契約を締結することを発注者に可能としているのである。

ある工事の発注において不成立となった場合に、当該技術や設備、体制などの特殊性を認定することで、再度入札を行わずに事前確認公募を経て随意契約に持ち込むことが可能となる。場合によっては当初から事前確認公募を通じた随意契約が可能になるかもしれない。

これが可能となることで発注者が得られるメリットは大きい。まず、落札者が決まらない不調・不落の場合に用いることができる随意契約に際しての、予定価格を変えられないといっ

6　文部科学省Webサイト（https://pf.mext.go.jp/gpo3/kanpo/ZjizenInfo.asp）参照

た制約（予決令99条の2）がなくなる。また、随意契約理由としての緊急性の要件が満たされない場合でもこの方式を用いることができる。時間的余裕がないものの緊急随意契約とまでは言えないケースには有効であろう[7]。

確かに会計法や地方自治法などとの位置関係、整合性についての論点は残る。実務的に最も収まりが良いのは、予決令上、財務大臣との協議が不要な「契約の性質もしくは目的が競争を許さない場合」にこのようなケースが当てはまると理解することである。公募の手続きを通じて競争の欠如が証明できたとして、随意契約を正当化するロジックだ。ただ、このような理屈には少なくない強引さを個人的には感じるとだけここではコメントしておこう。これまでの公募確認型あるいは企画競争型の随意契約も同種のロジックでもあるようなので、既に実績があるということなのかもしれないが、解釈論としての違和感は残る。しかし、少なくとも法律の制約が実務に不都合を生じさせ、入札不正や不適正な契約方法を招く結果がもたらされるのであれば、法律を変え、在るべき姿を明確に示さなければならない。議員立法である公共工事品質確保法は会計法令の解釈の幅にも影響を与えるインパクトのある立法とも言えよう。会計法令を変えずにその難点を克服する1つの解法である。

7　確かに緊急性を理由とした随意契約の要件を満たすまで待たなければならない、というのは社会基盤整備の確実な実行という観点から望ましくない

# おわりに

振り返ると、筆者が研究者として公共工事や公共調達と本格的に向き合うようになったのは、2003年の公正取引委員会からの調査依頼がきっかけだった。公取委から与えられたミッションは「入札談合防止に向けた公共調達制度の仕組み作り」だった。米国や欧州の主要国を訪れ、関係機関に聞いて回った。

海外の入札制度を調査するうちに気付いたのが、日本の入札制度における「競争のいびつさ」だった。競争の結果が望ましいとしておきながら厳格な上限拘束性を有する予定価格の存在、公共工事のような品質が重視されるはずの場面でさえ、価格のみの競争が原則化されている単純で単調な競争入札など、対外的に説明が困難なものばかりだった。そもそも競争させているという体裁でありながら、談合が半ば当然視されてきたこの国の歴史は米国や欧州の関係者には恐らく不可解で、それをどうやって説明しようか当時の筆者には見当も付かなかった。

1990年代から突き進められてきた入札改革は、確かに公共調達における競争の制度と競争の実態とを一致させる試みで、対外的にも分かりやすいものだった。談合は違反なのだからこれに対する制裁を重くする独禁法の改正は当然のものだ、という風潮が大手メディアでは支配的で、公取委も盛んに抑止力向上を喧伝した。しかし、ここで日本の入札制度のいびつな構造の弊害が出ることとなる。公共工事分野において会計法や地方自治法上の最低価格自動落札方式をそのまま適用した上での改革である。従来の競争させないことで品質を維持してきたところ競争ばかりがあおられることとなり、結果的に落札率が急落するという事態に陥った。日本型談合の仕組みはその構造上官製の色彩が濃かったが、無謬（むびゅう）の体裁にこだわる行政には自らが抱えるそうしたゆがみには十分向き合えなかった。

公共工事品質確保法の制定はこういったいびつな構造へのブレークスルーとなった。同法は議員立法であった。行政ではなく政治が状況を変えたのである。今、多くの発注機関は総合評価落札方式をいかに機能させるかで苦悩し、行政コストばかりがかかる実務に辟易としている。一方、価格だけの競争を継続している発注者は相変わらず談合問題に悩まされ、競争が激化すればその分、特定の業者を優遇するための情報漏洩、すなわち抜け駆け型の官製談合のリスクを抱えている。総合評価落札方式は必ずしも不正防止の歯止めにはならないことを考えれば心配事ばかりが増大し、結局「指名競争の時代は良かった」という発注関係者の本音のリアリティーが増してくる。もちろん、指名競争＋予定価格＋入札談合という3点セットは談合が厳しく罰せられる令和の時代には一切通用しない。

本著は時代が競争を求める現代において絶えず発生する入札不正について、単に競争制限によって税金が無駄遣いされているというストレートな理解で終わらせるのではなく、また受発注者側の代弁者となることもなく、ある程度距離を置いてこれを眺めることで、入札不正の問題の本質に迫ることを課題とした。もちろん、受発注者コミュニティーの純粋なインサイダーではない筆者に考察できることには限界はある。それでも、有識者会合などを経て比較的身近なところでこの問題に接してきた一法学徒として、多くの人に読まれる著書とすべきではないかと考えるようになった。

できる限り実務家の方々にも「読みもの」として興味深く接してもらいたいと考え、テクニカルな法律上の込み入った議論は避けるように工夫したつもりではあるが、それでも一部では避けられなかったかもしれない。評価は読者に委ね、反省点を踏まえて次の著作に備えたい。

言い残したことはたくさんある。例えば、本著は公共調達を対象としたので公有財産の売却などの問題を扱わなかった。しかし、森友学園に対する国有地売却に際し随意契約を用いたこと、そしてその中で埋没していたゴミ処理費用を（過剰ではないかと指摘された）値引きしたことが問題視され、大いに注目された。確かに公有財産の売却においても競争入札が原則で、ただ例外としての随意契約の射程が広いことが特徴であり、そこにある種の不透明さが残ったケースであった。

また、2003年の地方自治法改正によって創設された指定管理者制度も大きな問題をはらんでいる。自治体により指定された指定管理者が公の施設の管理運営を代行する制度だ。指定管理者の指定は契約を通じてではなく行政処分として実施されると解され、ゆえに競争入札などを規律する地方自治法上の契約にかかる規定の射程外である。とはいえ一定の業務の遂行に公金を支出するものであることから競争性確保の要請が高い。より良いサービスの提供が求められる以上、複数の候補者が存在するのであれば、より質の高い方が選択される手続き上の仕組みが必要となる。しかしそこに不正や癒着があったとしても、入札・契約ではないので刑法の公契約関係競売入札妨害罪や官製談合防止法違反に問われないし、指定管理者の指名行為は行政処分であるのでそこに競争の停止や排除があったとしても一定の取引分野の認定などに支障が生じるであろうから独禁法の介入する余地を見いだすことは困難である。だからこそ不正がまん延するリスクがあるのである。

契約締結後の不正、具体的には契約変更を巡る癒着や不正、あるいは契約履行に関連する不当な処遇（合格水準に至らない工事を見逃すなど）も重要だが、本著では「入札不正」というテーマの下で射程外とした。これらの課題については、本著の続編としてどのような形であれ今後執筆することをここで宣言したい。会計検査院の指摘事項も相当の積み重ねがあり、議論には事欠かない。純粋に公共契約ではないし、会計法令上の競争入札でもないけれども、洋上風力発電事業を巡る汚職事件も入札不正の1つといえる。これも本著に関連する重大なイシューだ。

本著には議論が不十分なところや、詰め切れていない記述もあるだろう。読者の忌憚なき意見を頂戴できれば幸いである。控え目ではあるが、本著が、読者に入札不正を考えるきっかけを提供できたならば十分な成果と考えたい。

最後に、日経ＢＰの関係諸氏、特に企画の段階からほぼマンツーマンで面倒を見てくださった真鍋政彦氏には感謝の言葉が尽きない。

紀尾井町の研究室より

２０２４年11月　楠茂樹

**楠 茂樹** SHIGEKI KUSUNOKI

1971年東京都生まれ。京都大学博士(法学)。
専門は独禁法、公共調達法。現在、上智大学法
学部国際関係法学科長・教授。国土交通省中
央建設業審議会会長代理、国土交通省公正入
札調査会議会長、防衛省公正入札調査会議会
長、内閣府政府調達苦情検討委員会委員など

# 入札不正の防ぎ方
## 受発注者が知っておくべきコンプライアンスのリアル

2024年11月25日　初版第1刷発行

| | |
|---|---|
| 著者 | 楠 茂樹 |
| 編者 | 日経コンストラクション |
| 編集スタッフ | 真鍋 政彦 |
| 発行者 | 浅野 祐一 |
| 発行 | 株式会社日経BP |
| 発売 | 日経BPマーケティング<br>〒105-8308　東京都港区虎ノ門4-3-12 |
| アートディレクション | 奥村 靫正(TSTJ Inc.) |
| デザイン | 真崎 琴実(TSTJ Inc.) |
| 印刷・製本 | TOPPANクロレ株式会社 |

ISBN：978-4-296-20666-7


本書籍に関するお問い合わせ、ご連絡は下記にて承ります。
https://nkbp.jp/booksQA